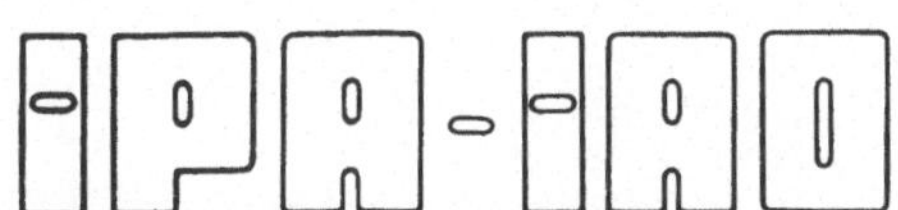

IPA-IAO

Forschung und Praxis

Band 196

Berichte aus dem
Fraunhofer-Institut für Produktionstechnik
und Automatisierung (IPA), Stuttgart,
Fraunhofer-Institut für Arbeitswirtschaft
und Organisation (IAO), Stuttgart,
Institut für Industrielle Fertigung und
Fabrikbetrieb der Universität Stuttgart und
Institut für Arbeitswissenschaft und
Technologiemanagement, Universität Stuttgart

Herausgeber: H. J. Warnecke und H.-J. Bullinger

J. Kurz

Ein Verfahren zur kostenorientierten Produktionsprogramm- und Kapazitätsplanung bei losweiser Montage

Mit 26 Abbildungen und 3 Tabellen

Springer-Verlag
Berlin Heidelberg New York
London Paris Tokyo
Hong Kong Barcelona
Budapest 1994

Dipl.-Ing. J. Kurz

Fraunhofer-Institut für Produktionstechnik und Automatisierung (IPA), Stuttgart

Prof. Dr.-Ing. Dr. h. c. Dr.-Ing. E. h. H. J. Warnecke

o. Professor an der Universtität Stuttgart

Fraunhofer-Institut für Produktionstechnik und Automatisierung (IPA), Stuttgart

Prof. Dr.-Ing. habil. Dr. h. c. H.-J. Bullinger

o. Professor an der Universität Stuttgart

Fraunhofer-Institut für Arbeitswirtschaft und Organisation (IAO), Stuttgart

D 93

ISBN-13: 978-3-540-57971-7   e-ISBN-13: 978-3-642-47890-1
DOI: 10.1007/ 978-3-642-47890-1

Geleitwort der Herausgeber

Über den Erfolg und das Bestehen von Unternehmen in einer marktwirtschaftlichen Ordnung entscheidet letztendlich der Absatzmarkt. Das bedeutet, möglichst frühzeitig absatzmarktorientierte Anforderungen sowie deren Veränderungen zu erkennen und darauf zu reagieren.

Neue Technologien und Werkstoffe ermöglichen neue Produkte und eröffnen neue Märkte. Die neuen Produktions- und Informationstechnologien verwandeln signifikant und nachhaltig unsere industrielle Arbeitswelt. Politische und gesellschaftliche Veränderungen signalisieren und begleiten dabei einen Wertewandel, der auch in unseren Industriebetrieben deutlichen Niederschlag findet.

Die Aufgaben des Produktionsmanagements sind vielfältiger und anspruchsvoller geworden. Die Integration des europäischen Marktes, die Globalisierung vieler Industrien, die zunehmende Innovationsgeschwindigkeit, die Entwicklung zur Freizeitgesellschaft und die übergreifenden ökologischen und sozialen Probleme, zu deren Lösung die Wirtschaft ihren Beitrag leisten muß, erfordern von den Führungskräften erweiterte Perspektiven und Antworten, die über den Fokus traditionellen Produktionsmanagements deutlich hinausgehen.

Neue Formen der Arbeitsorganisation im indirekten und direkten Bereich sind heute schon feste Bestandteile innovativer Unternehmen. Die Entkopplung der Arbeitszeit von der Betriebszeit, integrierte Planungsansätze sowie der Aufbau dezentraler Strukturen sind nur einige der Konzepte, die die aktuellen Entwicklungsrichtungen kennzeichnen. Erfreulich ist der Trend, immer mehr den Menschen in den Mittelpunkt der Arbeitsgestaltung zu stellen – die traditionell eher technokratisch akzentuierten Ansätze weichen einer stärkeren Human- und Organisationsorientierung. Qualifizierungsprogramme, Training und andere Formen der Mitarbeiterentwicklung gewinnen als Differenzierungsmerkmal und als Zukunftsinvestition in *Human Recources* an strategischer Bedeutung.

Von wissenschaftlicher Seite muß dieses Bemühen durch die Entwicklung von Methoden und Vorgehensweisen zur systematischen Analyse und Verbesserung des Systems Produktionsbetrieb einschließlich der erforderlichen Dienstleistungsfunktionen unterstützt werden. Die Ingenieure sind hier gefordert, in enger Zusammenarbeit mit anderen Disziplinen, z.B. der Informatik, der Wirtschaftswissenschaften und der Arbeitswissenschaft, Lösungen zu erarbeiten, die den veränderten Randbedingungen Rechnung tragen.

Die von den Herausgebern geleiteten Institute, das

- Institut für Industrielle Fertigung und Fabrikbetrieb der
  Universität Stuttgart (IFF),

- Institut für Arbeitswissenschaft und Technologiemanagement (IAT)

- Fraunhofer-Institut für Produktionstechnik und Automatisierung
  (IPA),

- Fraunhofer-Institut für Arbeitswirtschaft und Organisation (IAO)

arbeiten in grundlegender und angewandter Forschung intensiv an
den oben aufgezeigten Entwicklungen mit. Die Ausstattung der
Labors und die Qualifikation der Mitarbeiter haben bereits in der
Vergangenheit zu Forschungsergebnissen geführt, die für die Praxis
von großem Wert waren. Zur Umsetzung gewonnener Erkenntnisse wird
die Schriftenreihe "IPA-IAO - Forschung und Praxis" herausgegeben.
Der vorliegende Band setzt diese Reihe fort. Eine Übersicht über
bisher erschienene Titel wird am Schluß dieses Buches gegeben.

Dem Verfasser sei für die geleistete Arbeit gedankt, dem Springer-
Verlag für die Aufnahme dieser Schriftenreihe in seine Angebots-
palette und der Druckerei für saubere und zügige Ausführung. Möge
das Buch von der Fachwelt gut aufgenommen werden.

                          H.J. Warnecke   H.-J. Bullinger

<u>Vorwort des Verfassers</u>

Die vorliegende Arbeit entstand zu einem Großteil während
meiner Tätigkeit am Fraunhofer-Institut für Produktionstechnik
und Automatisierung (IPA), Stuttgart

Herrn Professor Dr.-Ing. H.-J. Warnecke, dem Leiter des
Institutes, bin ich für die die Förderung und großzügige
Unterstützung der Arbeit zu besonderem Dank verpflichtet.

Mein Dank gilt ebenfalls Herrn Professor Dr.-Ing. H.-J.
Bullinger für die eingehende Durchsicht der Arbeit und die sich
daraus ergebenden wertvollen Anregungen.

Ein herzlicher Dank geht auch an Herrn Dr.-Ing. H. Kühnle für
seine stete Diskussionsbereitschaft und konstruktive Kritik.

Bei allen Mitarbeitern des Instituts, die mir durch große
Hilfsbereitschaft die Erstellung der Arbeit erleichtert haben,
bedanke ich mich ebenfalls vielmals.

Nicht zuletzt möchte ich meiner Frau Elke danken, die mir immer
wieder durch ihr großes Verständnis geholfen hat.

Oldenburg, 1994   Jochen Kurz

0   Verzeichnis der Abkürzungen, Formelzeichen und
    Einheiten 11
1   Einleitung 19
2   Abgrenzung des Untersuchungsbereichs 23
    2.1 Die Aufgaben der Produktionsprogrammplanung 24
    2.2 Kostenbetrachtung bei der Produktionsprogramm-
    planung 27
    2.3 Zusammenspiel zwischen Auftragsbildung und Kapazitäts-
    abstimmung vor dem Hintergrund der entstehenden Kosten .. 31
    2.4 Kapazitätsabstimmung und Auftragsbildung bei
    losweiser Montage 33
    2.5 Flexibilität der Kapazität von Montagesystemen 36
    2.6 Auftragsbildung und Planbestandsrechnung 39
    2.7 Ausschluß von Zugangsbeschränkungen 42
3   Stand der Technik 43
    3.1 Sukzessivplanungsverfahren 44
        3.1.1 Diskussion der Randbedingungen bei
        Sukzessivplanungsverfahren 44
        3.1.2 Diskussion von Verfahrensaspekten bei
        Sukzessivplanungsverfahren 46
    3.2 Simultanplanungsverfahren 48
        3.2.1 Diskussion der Randbedingungen bei
        Simultanplanungsverfahren 48
        3.2.2 Diskussion von Verfahrensaspekten bei
        Simultanplanungsverfahren 49
4   Zielsetzung und Methodik 52
5   Modell des Planungssystems 55
    5.1 Abbildung der Zeit 55
    5.2 Modell des Montagebereichs 57
        5.2.1 Zeitinvariante Elemente des Modells 58
        5.2.2 Zeitvariante Elemente des Modells 63
    5.3 Berechnung von Kapazitätsangebot und Kapazitäts-
    bedarf 66
        5.3.1 Berechnung des Kapazitätsangebots 66
        5.3.2 Berechnung des Kapazitätsbedarfs 69

5.4 Formulierung der Zielfunktion 69

    5.4.1 Planbestandsrechnung und Ermittlung von
    Bestandskosten und Opportunitätskosten 71

    5.4.2 Berechnung der Umrüstkosten 73

    5.4.3 Berechnung der Personalumsetzkosten 73

6 Ein Verfahren zur simultanen und kostenoptimalen
Montageprogramm- und Montagekapazitätsplanung 75

6.1 Verfahrensauswahl zur Lösung der Produktionsplanungs-
aufgabe 75

6.2 Lösungsansatz 77

    6.2.1 Vorgehen auf der Zeitachse 77

    6.2.2 Vorgehen innerhalb eines Planungsschritts 79

6.3 Sortierung der Rüstzustände 82

    6.3.1 Ermittlung der Kosten- und der Kapazitäts-
    bilanz pro Rüstzustand 82

    6.3.2 Berechnung der Basiswerte für die Abschätzung
    der Kostenreduzierung 83

6.4 Durchführung des Kapazitätsabgleichs 87

    6.4.1 Elementarfunktionen der Kapazitätsabstimmung . 87

    6.4.2 Gesamtablauf der Kapazitätsabstimmung 91

6.5 Durchführung der Auftragsbildung 94

    6.5.1 Prämissen zur Auftragsbildung 94

    6.5.2 Entwicklung eines Auftragsbildungsverfahrens . 95

6.6 Zusammenfassung 99

7 Realisierung eines Systems zur Produktionsprogrammplanung 102

7.1 Ausgangssituation 102

7.2 Realisierung der Planungsfunktionen 103

    7.2.1 Vorgabe des Gesamtpersonalangebots 104

    7.2.2 Simulationsprogramm zur Optimierung von
    Produktionsplan und Personalverteilung 105

    7.2.3 Auftragsbildungsverfahren mit manuellem
    Kapazitätsabgleich 106

    7.2.4 Manuelle Wochenlosbildung 107

7.3 Erprobung des Verfahrens und Diskussion der Ergebnisse 107

8 Zusammenfassung und Ausblick 110

9 Schrifttum 112

<u>**0 Verzeichnis der Abkürzungen, Formelzeichen und Einheiten**</u>

ZEICHEN	EINHEIT	BEDEUTUNG

A — Aufsetzperiode des Planungsschritts

$a: E \times RZ \rightarrow \mathbb{R}$
$(E_l, RZ_k) \rightarrow TE_{l,k}$ — Arbeitsplan (Abbildung): enthält die Einzelzeiten der Erzeugnisse E_l, die pro Rüstzustand RZ_k gefertigt werden können in Form rationaler Zahlen

$ap: T \times E \rightarrow \mathbb{N}$
$(T_i, E_l) \rightarrow BED_{i,1}$ — Absatzplan (Abbildung): enthält die Bedarfsmengen je Erzeugnis E_l und Periode T_i als natürliche Zahl

$BED_{i,1}$ — Stück — Bedarfsmenge des Erzeugnisses 1 in der Periode i

$BK(T_i, E_l)$ — DM — Bestandskosten eines Erzeugnisses E_l in der Periode T_i

$BK(T_i, RZ_k)$ — DM — Bestandskosten, die innerhalb eines Rüstzustands RZ_k in der Periode T_i erzeugt werden

$BK(ME_{i,1})$ — DM — Bestandskosten, die ein Fertigungslos erzeugt, falls es gefertigt wird.

$BK^{gew}(ME_{i,1})$ — DM/h — Mit Produktionsstunden gewichtete Bestandskosten, die ein Fertigungslos erzeugt, falls es gefertigt wird.

$card()$ — Anzahl der Elemente einer Menge

ZEICHEN	EINHEIT	BEDEUTUNG
d.h.		das heißt
d.i.		das ist
E		Menge aller Erzeugnisse
E_1		Erzeugnis 1 der Menge E
EOQ		Economic Order Quantity
FK	%	Kapitalkostenfaktor
FKL	DM	Fixkostensatz für die Umsetzung von Personal
$FKU(M_j)$	DM	Fixkostensatz für das Umrüsten des Montagesystems j
$FL(E_1)$	%	Lagerkostenfaktor des Erzeugnisse 1
FO	%	Opportunitätskostenfaktor
G_k		Menge aller Erzeugnisse, die im Rüstzustand k produziert werden
$HK(E_1)$	DM/Stück	Herstellkosten des Erzeugnisses 1
i		Laufvariable der Zeit (Perioden)
$IBST(E_1)$	Stück	Istbestand des Erzeugnisses 1
j		Laufvariable der Montagesysteme
k		Laufvariable der Rüstzustände

ZEICHEN	EINHEIT	BEDEUTUNG
$KAP(T_i, M_j)$	h	Kapazität des Montagesystems M_j in der Periode T_i
$KAP(T_i, RZ_k)$	h	Kapazität des Rüstzustands RZ_k in der Periode T_i
$KAPB(T_i, RZ_k)$	h	Kapazitätsbilanz des Rüstzustands RZ_k in der Periode T_i
$KAPB^{gew}(T_i, RZ_k)$	h	gewichtete Kapazitätsbilanz des Rüstzustands RZ_k in der Periode T_i
$KAPB_{alt}(T_i, RZ_k)$	h	Kapazität des Rüstzustands RZ_k in der Periode T_i vor durchgeführter Personalumsetzung
$KAPB^{gew}(RZ_k)$	h	gewichtete Kapazitätsbilanz des Rüstzustands RZ_k bis Vorschauhorizont
$KAPB_{neu}(T_i, RZ_k)$	h	Kapazität des Rüstzustands RZ_k in der Periode T_i nach durchgeführter Personalumsetzung
$KBED(T_i, E_l)$	h	Kapazitätsbedarf der eingeplanten Menge des Erzeugnisses E_l der Periode T_i
$KBED(T_i, RZ_k)$	h	Kapazitätsbedarf der in der Periode T_i auf dem Rüstzustand RZ_k eingeplanten Erzeugnisse
$KBIL(T_i, RZ_k)$	DM	Kostenbilanz des Rüstzustands k in der Periode i

ZEICHEN	EINHEIT	BEDEUTUNG
$KBIL(RZ_k)$	DM	entscheidungsrelevante Kostenbilanz des Rüstzustands RZ_k bis Vorschauhorizont
$KBIL^{gew}(RZ_k)$	DM	gewichtete Kostenbilanz des Rüstzustands RZ_k bis Vorschauhorizont
l		Laufvariable der Erzeugnisse
m		Laufvariable der Mitarbeiter
M		Menge der Montagesysteme
$ME_{i,l}$	Stück	Eingeplante Menge eines Erzeugnisses l in der Periode i
M_j		Montagesystem j
$\mathbb{N}$		Menge der natürlichen Zahlen
$NP(T_i, M_j)$		Menge des dem Montagesystem M_j in der Periode T_i neu zugeteilten Personals
$OK(T_i, E_l)$	DM	Opportunitätskosten, die durch Produktionsrückstände des Erzeugnisses E_l in der Periode T_i entstehen
$OK'(T_i, E_l)$	DM	Mit Zinsfaktor bewertete Opportunitätskosten eines Erzeugnis
$OK'(T_i, RZ_k)$	DM	Mit Zinsfaktor bewertete Opportunitätskosten, die in einem Rüstzustand erzeugt werden

ZEICHEN	EINHEIT	BEDEUTUNG
$OK(ME_{i,1})$	DM	Opportunitätskosten, die ein Fertigungslos in der Periode i erzeugt falls es nicht eingeplant wird
$OK^{gew}(ME_{i,1})$	DM	Mit Fertigungsstunden gewichtete Opportunitätskosten, die ein Fertigungslos in der Periode i erzeugt falls es nicht eingeplant wird
P		Menge der Mitarbeiter in der Montage
$PBST(T_i, E_1)$	Stück	Planbestand des Erzeugnisses E_1 in der Periode T_i
P_m		Mitarbeiter m
$pl: T \times E \rightarrow \mathbb{N}$ $\quad (T_i, E_1) \rightarrow ME_{i,1}$		Produktionsplan (Abbildung): enthält die zu produzierenden Erzeugnismengen je Periode
$\wp$		Potenzmenge
$pz: T \times P \rightarrow M$ $\quad (T_i, P_m) \rightarrow M_j$		Planzuordnung (Abbildung): Stellt die Zuordnung eines Mitarbeiters P_m in der Periode T_i zum Montagesystem M_j dar
$\mathbb{R}$		Menge der reellen Zahlen
$r: M \rightarrow P(RZ)$ $\quad M_j \rightarrow RZ_k$		Rüstmöglichkeiten (Abbildung): Stellt die möglichen Rüstzustände dar, die ein Montagesystem annehmen kann

ZEICHEN	EINHEIT	BEDEUTUNG
$rt: T \times M \rightarrow RZ$ $(T_i, M_j) \rightarrow RZ_k$		Rüstzustand (Abbildung): Stellt den Rüstzustand des Montagesystems M_j in der Periode T_i dar
$RKAP(T_i, RZ_k)$	h	noch nicht verplante Kapazität eines Rüstzustands RZ_k in der Periode T_i
RZ		Menge der Rüstzustände
RZ_j		Menge aller Rüstzustände, die das Montagesystem j annehmen kann
RZ_{jk}		Rüstzustand k, den das Montagesystem j annehmen kann
RZ_k		Rüstzustand k
$SB_{i,m}$		Schichtbeginn für den Mitarbeiter m in der Periode i
$SCH: T \times P \rightarrow \mathbb{R}$ $(T_i, M_j) \rightarrow ZD_{i,m}$ $SB_{i,m}$ $SE_{i,m}$		Schichtmodell (Abbildung): enthält Schichtbeginn, Schichtende, Arbeitszeit eines Mitarbeiters m in der Periode i in Form rationaler Zahlen
$SE_{i,m}$		Schichtende für den Mitarbeiter m in der Periode i
T		Menge der Perioden (Zeitabschnitte)
t		Laufvariable der Zeit (Perioden) von 0 bis i

ZEICHEN	EINHEIT	BEDEUTUNG
T_{Bed}		Zeitabscnitt aus der der in T_{Prod} einzuplanende Bedarf stammt
$TE_{l,k}$	Stück/h	Einzelmontagezeit des Erzeugnisses l im Rüstzustand k
T_i		Zeitabschnitt i
T_{Prod}		Zeitabschnitt, in der der aus T_{Bed} stammende Bedarf eingeplant wird
T_t		Zeitabschnitt t
$\ddot{U}KAP(T_i,E_l)$	h	Kapazitätsüberdeckung bei einem Erzeugnis E_l in der Periode T_i
$\ddot{U}KAP(T_i,RZ_k)$	h	Kapazitätsüberdeckung bei einem Rüstzustand RZ_k in der Periode T_i
$UKAP(T_i,E_l)$	h	Kapazitätsunterdeckung bei einem Erzeugnis E_l in der Periode T_i
$UKAP(T_i,RZ_k)$	h	Kapazitätsunterdeckung bei einem Rüstzustand RZ_k in der Periode T_i
UP	DM	Umsatz je Periode (Andlerformel)
$URK(T_i,M_j)$	DM	Umrüstkosten, die in der Periode T_i am Montagesystem M_j anfallen
$USK(T_i,RZ_k)$	DM	Kosten, die durch die Umsetzung von Personal auf den Rüstzustand RZ_k in der Periode T_i entstehen
VH		Vorschauhorizont

ZEICHEN	EINHEIT	BEDEUTUNG
$VK(E_1)$	DM/Stück	Verkaufspreis des Erzeugnisses E_1
z.B.		zum Beispiel
$Z(T_i)$		Zielfunktion der Periode T_i
$ZD_{i,m}$		Arbeitszeit eines Mitarbeiters m in der Periode i
$\in$		ist Element von
$\sum$		Summenzeichen
$T \times E$		Kreuzprodukt der Menge der Perioden T und der Menge der Erzeugnisse E

1 Einleitung

Die Differenz zwischen den entstehenden P r o d u k t i o n s -
k o s t e n   und den am Markt erzielbaren Erlösen für die Produkte, d.h der erreichbare Gewinn bestimmen den Erfolg eines Indu-
strieunternehmens[1]. Geht man davon aus, daß die Produktion in der
Kombination der Elementarfaktoren Arbeitsleistung, Arbeits- und
Betriebsmittel und Werkstoff besteht, so sind die Produktionskosten nichts anderes als die Faktoreinsatzmengen multipliziert mit
ihren Preisen /4/. Gutenberg /4/ weist nach, daß der Art und
Weise, wie diese Faktoren kombiniert werden, für den Ertrag des
Unternehmens wesentliche Bedeutung zukommt und weist der Personen-
gruppe, die diese Kombination durchführt einen 4. Elementarfaktor
zu, den er als d i s p o s i t i v e n   F a k t o r   oder
G e s c h ä f t s -   u n d   B e t r i e b s l e i t u n g
bezeichnet. Von diesem Elementarfaktor können weitere Faktoren
abgespalten werden, die P l a n u n g[2]   und die   B e -

---

1) Neben dem Erfolgsfaktor "Kosten" gewinnen in der neueren Diskussion auch andere Erfolgsfaktoren, wie die "Arbeitszufrieden-
heit" oder "Umweltverträglichkeit" und "Ressourcenschonung" an
Bedeutung, wie Warnecke /1/, Bullinger u.a. /2/ oder Kübel /3/
darlegen. Der wichtigste Erfolgsfaktor und damit die wichtigste
Zielgröße für planerische Verfahren und Methoden ist jedoch
weiterhin der Gewinn, der sich aus dem Überschuß von Erlösen
gegenüber den Kosten ergibt, da Erlöse und Kosten die am besten
quantifizierbaren Erfolgsfaktoren sind und durch planerische
Verfahren und Methoden direkt beeinflußbar sind, während andere
Zielgrößen nur indirekt beeinflußt werden können.

2) Nach Gutenberg /4/ bedeutet "Planung" im weiteren Sinne, den
Betriebsprozeß ... von den Zufälligkeiten frei zu machen, denen
die Entwicklung der wirtschaftlichen und technischen Daten in den
innerbetrieblichen und außerbetrieblichen Bereichen ausgesetzt
ist. Wöhe /5/, bezeichnet die Planung als die gedankliche
Vorwegnahme zukünftigen Handelns durch Abwägen verschiedener
Handlungsalternativen und Entscheidung für den günstigsten Weg.
Wöhe unterscheidet zwischen
          - Unternehmensleitbildplanung,
          - strategischer Planung,
          - Erfolgs- / Liquiditätsplanung und
          - der operativen Planung
mit der Aufgabenstellung, ausgehend von der strategischen Planung,
Pläne für die Produktionsprogramme zu entwickeln.

t r i e b s o r g a n i s a t i o n[1] .

Vorliegende Arbeit beschäftigt sich mit der P l a n u n g   u n d
S t e u e r u n g   d e r   P r o d u k t i o n. Die Produktions-
planung- und -steuerung (PPS)[2] befaßt sich mit der Festlegung der
(zukünftigen) Kombination von Elementarfaktoren. Im Rahmen der
gesamtbetrieblichen Zielsetzung, den Faktoreinsatz bezüglich des
Faktorertrags zu minimieren, verfolgt die Produktionsplanung und
-steuerung die Ziele[3], durch Festlegung von P r o d u k -
t i o n s - und B e s c h a f f u n g s a u f t r ä g e n   die
Kapitalbindungs- und Lagerhaltungskosten, die durch Bestände[4]
an Zwischen- und Endprodukten sowie an Rohmaterial entstehen und
die Loswechselkosten (Rüstkosten)[5], die durch das zu fertigende
Produktionsprogramm entstehen, zu minimieren, ohne die Lieferbe-

---

1) Gegenstand der Betriebsorganisation ist die gesamte betriebliche Tätigkeit. Dabei wird unter der Betriebsorganisation die
Gesamtheit aller Regelungen verstanden, deren sich die Betriebs-
leitung und die ihr untergeordneten Organe bedienen, um die
Ordnung aller betrieblichen Prozesse zu realisieren /5/. Lohmann
/6/ veranschaulicht die Begriffe Planung und Betriebsorganisation
durch das Bild der Betriebsorganisation als "Gehäuse, in dem
Planung, Ablauf und Kontrolle sich vollziehen".

2) PPS - Produktionsplanung und -steuerung ist ein Begriff, der
Ende der sechziger Jahre entstand /7/. Er bezeichnet die
organisatorische Planung, Steuerung und Überwachung der
Produktionsabläufe von der Angebotsbearbeitung bis zum Versand
unter Mengen-, Termin- und Kapazitätsaspekten /7/, /8/, /9/.

3) Ellinger u.a. /10/ sprechen von der unternehmensbezogenen
Formalzielsetzung der "Minimierung der entscheidungsrelevanten
Kosten". Aus den Planungs- und Koordinierungsfunktionen, die PPS-
Systeme wahrnehmen, ergeben sich nach /10/ Einflüsse auf:
  - Kapitalbindungskosten
  - Leerkosten der Kapazitätseinheiten
  - die Stückkosten (durch die Verfahrenswahl)
  - die Rüstkosten
  - die Kosten bei Terminunter- oder -überschreitung
  - die Anpassungskosten an Nachfrageschwankungen
  - die Kosten bei Eigenfertigung und Fremdfertigung der
    Produkte

4) Bestände stellen in der heutigen Fertigungsindustrie einen
beachtlichen Kostenfaktor dar: 56% der Bilanzsumme deutscher
Aktiengesellschaften sind Umlaufvermögen, 30% davon sind im
Vorrätebereich gebunden /11/.

5) Loswechselkosten bzw. die Rüstkosten als wichtigste Komponente
der Loswechselkosten stellen ebenfalls einen beachtlichen
Kostenfaktor dar /12/, /13/, /14/, /15/.

reitschaft des Unternehmens zu gefährden. Treten Lieferengpässe
auf, so sind zusätzlich die Anpassungskosten an Nachfrageschwankungen und die Kosten für eine Nichtlieferfähigkeit mit zu berücksichtigen.

Ein wichtiger Teilschritt der Produktionsplanung und -steuerung
ist die P r o d u k t i o n s p r o g r a m m p l a n u n g[1] .
Deren Aufgabe kann in der kundenneutralen Serienfertigung, in der
in der Regel nicht alle Produktionsaufträge bei der Planung bereits durch Kundenaufträge abgedeckt sind, als die Umsetzung[2]
eines Vertriebs- oder Absatzprogramms[3] in das Produktionsprogramm
bzw. Montageprogramm[4] beschrieben werden. Wichtige Hilfsmittel
zur Unterstützung dieser Planung stellen P r o d u k t i o n s -
p l a n u n g s - und - s t e u e r u n g s s y s t e m e
(P P S - S y s t e m e)[5] dar, die den mit der Planung betrauten
Personen entsprechende Planungsverfahren zur Verfügung stellen.
Die bekannten, in der Vergangenheit entwickelten und in den PPS-
Systemen realisierten Verfahren sind jedoch, wie im folgenden

---

1) Zu den Aufgaben der Produktionsplanung- und -steuerung werden
weitgehend übereinstimmend /7/, /10/, /13/, /16/, /17/ die
Bereiche
      - Produktionsprogrammplanung (auch Programmplanung),
      - Materialbedarfsplanung (auch Mengenplanung),
      - Produktionsprozeßplanung (auch Termin- und Kapazitäts-
        planung oder Ablaufplanung),
      - Produktionsprozeßsteuerung (auch Auftragsveranlassung)
      - und Produktionsprozeßkontrolle (auch Auftragsüberwachung)
genannt.

2) Diese Umsetzung wird Produktionsprogrammplanung genannt und
stellt somit die Nahtstelle zwischen den betrieblichen Funktions-
bereichen Vertrieb (oder Verkauf) und Produktion dar. Daher kommt
einer überbereichlichen Zielstellung für diese Planung besondere
Bedeutung zu (vgl. REFA /18/). Mit der Zielstellung "Minimierung
der Kosten" kann dies erreicht werden.

3)Nach REFA /18/, werden für Absatzprogramm auch die Begriffe
Vertriebs-, Umsatz- oder Verkaufsprogramm verwendet.

4) In der vorliegenden Arbeit werden ausschließlich die Begriffe
Produktionsprogramm bzw. Produktionsprogrammplanung verwendet.

5) Unter einem PPS-System wird ein EDV-unterstütztes System zur
mengen-, termin- und kapazitätsgerechten Planung, Veranlassung und
Überwachung der Produktionsabläufe verstanden. PPS-Systeme sind
somit nach Hackstein /16/ und Förster u.a. /19/ für den gesamten
Bereich der technischen Auftragsabwicklung einsetzbar.

nachgewiesen wird, n i c h t in der Lage, bei losweiser Montage die Zielstellung eines "kostenoptimalen Produktionsprogramms[1])" bei der Produktionsprogrammplanung zu erreichen. In der vorliegenden Arbeit wird daher ein neues Verfahren der Produktionsprogrammplanung bei losweiser Montage entwickelt werden, das, aufgrund einer genauen Abbildung von Bestands- , Rüst- und Umsetzkosten der Zielsetzung "kostenoptimales Produktionsprogramm" wesentlich besser gerecht wird als die bekannten Planungsverfahren. Insbesondere werden dabei die Teilfunktionen Auftragsbildung[2]) und Kapazitätsabstimmung[3]) der Produktionsprogrammplanung, wie sie bei REFA /18/ unterschieden werden, völlig neu gestaltet. Ergebnis der Arbeit ist ein heuristisches Verfahren[4]) für die Produktionsprogrammplanung bei losweiser Montage. Dieses wird in Form eines Datenverarbeitungsprogramms realisiert und beispielhaft in ein System zur Produktionsplanung und -steuerung integriert.

---

1) Renner /13/ stellt fest, daß aufgrund konkurrierender Ziele der Ablaufplanung in der Praxis wirkungsvolle heuristische Verfahren benötigt werden, die eine Annäherung an den wirtschaftlich optimalen Zustand ermöglichen, wobei die Gesamtkostenentwicklung als Beobachtungsparameter die entscheidende Rolle spielt.

2) d.i. Festlegung von Terminen und Mengen (ist auch unter den Begriffen Losbildung und Bestellrechnung bekannt).

3) Zwei grundsätzliche Abstimmungsmechanismen sind zu unterscheiden:
1. Anpassung des Kapazitätsangebots an den Kapazitätsbedarf
   (z.B. durch Anschaffung neuer Betriebsmittel oder Neueinstellung von Personal) (= Kapazitätsanpassung).
2. Anpassung des Produktionsprogramms auf die vorhandene Kapazität (= Kapazitätsabgleich des Produktionsprogramms).
In dieser Arbeit wird versucht, durch eine Kombination beider Vorgehensweisen zu einem kostenoptimalen Produktionsprogramm zu gelangen.

4) Heuristische Verfahren bestehen aus bestimmten Vorgehensregeln zur Lösungsfindung, die hinsichtlich des angestrebten Zieles und unter Berücksichtigung der Problemstruktur als sinnvoll, zweckmäßig und erfolgversprechend erscheinen, aber nicht zwingend die optimale Lösung bilden /20/.

2 Abgrenzung des Untersuchungsbereichs

Die Produktionsprogrammplanung ist der erste Schritt im Ablauf der
Produktionsplanung und -steuerung. Daher sind die ablauforganisa-
torische Einordnung der Produktionsprogrammplanung in die Produktionsplanung und -steuerung insgesamt und die damit verbundene
Aufgaben- und Funktionszuweisung an die Produktionsprogrammplanung
im Rahmen dieser Arbeit von Interesse. Um die Qualität von Verfahren der Produktionsprogrammplanung letztendlich bewerten zu können, sind diese an der Zielsetzung[1], die durch Einsatz der Verfahren erreicht werden soll, zu messen. Die Formulierung dieser
Zielstellung führt zu einer Kostenbetrachtung der planungsrelevanten Kosten. Die Qualität eines Planungsverfahrens ist neben der
Abbildbarkeit der Zielsetzung im wesentlichen abhängig davon, wie
gut die planungsrelevanten Eigenschaften des zu planenden Prozesses im Verfahren abgebildet werden können. Die genaue Analyse
des zu planenden Montageprozesses ergibt zum einen eine Beschreibung der problem- und zielrelevanten Eigenschaften[2] des zu betrachtenden Montageprozesses, zum anderen ergeben sich daraus auch
Abgrenzungen zu anderen Prozeßtypen in der Montage, die von der
weiteren Betrachtung ausgeschlossen werden.

---

1) Als unternehmerische Zielstellung wird in dieser Arbeit die
Gewinnmaximierung unterstellt. Durch die Definition des Gewinns
als Erlöse abzüglich der entstandenen Kosten, ergeben sich als zu
betrachtende Zielgrößen der Produktionsprogrammplanung die durch
eben die Umsetzung dieser Planung verursachten und beeinflußbaren
Kosten. Die Bestimmung und die Quantifizierung der zu betrachtenden Kosten ist daher notwendig und wesentliches Merkmal bei der
Beurteilung bestehender Verfahren.

2) Jedem Planungsverfahren liegt ein Modell des zu planenden Prozesses zugrunde, das die problem- und zielrelevanten Eigenschaften
des Prozesses darstellt und quantifiziert. Bei der vorgestellten
Problemstellung ist eine Betrachtung der Montagekapazität unum-
gänglich. Das Modell der Montagekapazität wird nun, je nach Orga-
nisationsvariante anders ausfallen. So sind Modellvarianten möglich die sich aus einer unterschiedlichen Betrachtung der Elementarfaktoren (Betriebmittel, Personal oder beides zusammen), der
Betrachtung der Stufigkeit des Prozesses (ein- oder mehrstufig)
oder der Betrachtung der Zuordnung von Fertigungsaufträgen zu den
Kapazitäten ergeben.

2.1 Die Aufgaben der Produktionsprogrammplanung

Nach REFA /18/ kann der organisatorische Ablauf von der Auswertung
der Marktinformationen bis zur Bildung von Fertigungsaufträgen in
den in Bild 1 aufgezeichneten Planungsschritten über Programme[1]
abgewickelt werden. Dabei können das Absatz- oder Vertriebsprogramm[2] und das Produktionsprogramm[3] unterschieden werden. Das
Produktionsprogramm der Montage ist also die Zusammenfassung aller
Montageaufträge[4], die termin- und mengenmäßig festgelegt sind.
Daher kann auch von der A u f t r a g s b i l d u n g als
Teilaufgabe der Produktionsprogrammplanung gesprochen werden. Die
Umsetzung des Vertriebsprogramms in ein Produktionsprogramm, d.h.
die Planung des Produktionsprogramms ist immer dann notwendig,
wenn nur begrenzte betriebliche Ressourcen zur Produktion zur
Verfügung stehen.

---

1) Programm (grch. "schriftliche Bekanntmachung", "Tagesordnung").
lt. Brockhaus /21/: Ankündigung, Plan, Ziel, festgelegte Folge,
Ankündigungszettel, Warenangebot.
Der Begriff Produktionsprogramm, wie er bei REFA /18/ benutzt
wird, beschreibt die mengenmäßigen Vorgaben an zu fertigenden
Erzeugnissen pro Periode. Nach Wöhe /5/ fixiert die Produktionsprogrammplanung das Produktionsprogramm und die Produktionsmengen
für einen bestimmten Zeitraum.

2) Nach REFA /18/ berücksichtigt das Absatzprogramm vorwiegend die
Gegebenheiten des Absatzmarktes und die Möglichkeiten des
Vertriebsbereichs, diesen Absatzmarkt zu beliefern.

3) Das Produktionsprogramm geht nach REFA /18/ vom Absatzprogramm
aus und berücksichtigt zusätzlich die Gegebenheiten der Beschaf-
fungsmärkte und die Kapazität des Produktionsbereichs. Es legt
fest, welche Aufträge vom Bereich der Produktion in welchen
Perioden durchzuführen sind.

4) Nach REFA /18/ ist ein Auftrag eine (mündliche oder schriftliche) Anforderung einer dazu befugten Stelle an eine andere
Stelle desselben Unternehmens, eine bestimmte Aufgabe durchzuführen. Zur Kennzeichnung eines Auftrags gehören mindestens die Art
des Auftrags und der durchzuführenden Aufgabe sowie für Produktionsaufträge zusätzlich
- die geforderte Menge
- Dauer und Termine und
- Vorschriften über die Art der Durchführung der Aufgabe (d.h.
  Arbeitspläne und Qualitätsvorschriften).

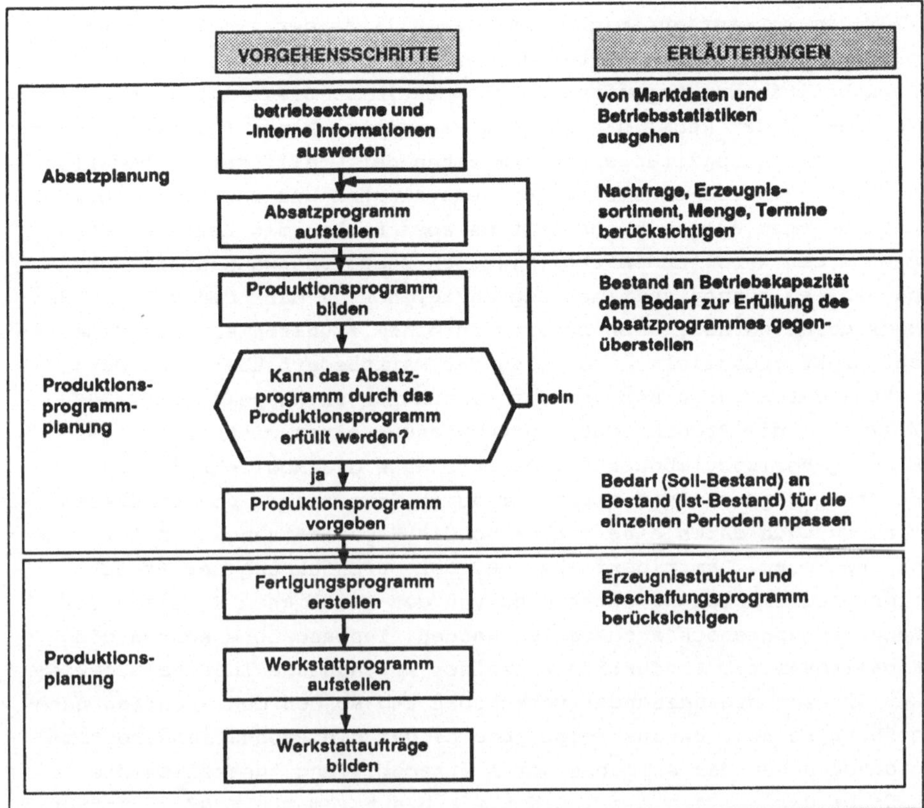

Bild 1 Ablauf der Auftragsbildung über Programme[1) , in Anlehnung an /18/.

Insbesondere ist eine Umsetzung dann notwendig, wenn das Vertriebsprogramm ausgeprägte Saisonalitäten[2) (vgl. z.B. /22/,

---

1) Das Fertigungsprogramm wird im allgemeinen vom Produktionsprogramm abgeleitet. Es berücksichtigt die Einzelkapazitäten in den Teilbereichen der Fertigung und legt fest, welche Aufgaben in bestimmten Perioden in diesen Teilbereichen durchzuführen sind /18/. Ist die Montage der in der Reihenfolge der Produktion letzte Fertigungsschritt, so sind bei der Umsetzung des Produktionsprogramms in das Fertigungsprogramm keine Erzeugnisstrukturen zu berücksichtigen. Daher entspricht das Fertigungsprogramm der Montage dem Produktionsprogramm. Auf eine Unterscheidung der Begriffe Fertigungsprogramm und Produktionsprogramm kann daher im Rahmen dieser Arbeit verzichtet werden.

2) Nach Zimmermann /22/ ist bei saisonalen Schwankungen die Schwankung der Absatzgeschwindigkeit relativ groß und rhythmischer Natur. Nach Taylor /23/ unterliegen über 80% der Industrieunter-

/23/) im Verkauf aufzeigt. Die Flexibilität der zeitlichen Anpassung gesamtbetrieblicher Ressourcen wird sicher durch die Flexibilität der Engpaßressourcen bestimmt. Diese ist in der Montage in der Regel die Personalkapazität. Einer Saisonalisierung der Personalkapazität steht zum einen der Qualifikationsbedarf zum anderen auch die einschlägigen gesetzlichen und tarifvertraglichen Bestimmungen entgegen. Gelingt es aber nicht, die betrieblichen Ressourcen kurz- und mittelfristigen Bedarfsschwankungen[1] anzupassen, so können zeitlich begrenzte, höhere Marktbedarfe nur dann befriedigt werden, wenn bereits zu einem früheren als dem Bedarfszeitpunkt produziert wird, also der Marktbedarf über eine Bevorratung der Erzeugnisse von der Produktion entkoppelt wird /20/, /17/. Da die Produktionsprogrammplanung einen mittelfristigen Planungshorizont abdeckt[2], besteht auch die Möglichkeit, auf Nachfrageschwankungen nicht nur durch Bevorratung von Produkten, sondern auch durch eine Anpassung des Kapazitätsangebots auf diese zu reagieren. Damit darf aber bei der Durchführung der Produktionsprogrammplanung nicht mehr von der zeitlichen Konstanz des Kapazitätsangebots ausgegangen werden. Insbesondere können die Kapazitäten zur Produktion einzelner Erzeugnisse innerhalb gewisser Grenzen gegeneinander verschoben und so den den Bedarfen nachgeführt werden. Daraus folgt jedoch, daß die Produktionsprogrammplanung neben der Aufgaben der Auftragsbildung zusätzlich die Aufgabe der K a p a z i t ä t s a b s t i m m u n g[3] umfaßt. Die Kapazitätsabstimmung im Rahmen der mittelfristigen Produktionsprogrammplanung setzt auf bereits vorhandenen Montagesystemen

---

nehmen saisonalen Schwankungen unterschiedlicher Stärke. So sind in 6% der Unternehmen starke saisonale Einflüsse zu verspüren, in 38% sind die saisonalen Schwankungen gemäßigter Natur und in 39% der Fälle unterliegen die Unternehmen abgeschwächten Saisonalitäten im Absatz.

1) Zur Definition des Bedarfs siehe REFA /18/. Das Vertriebsprogramm stellt den Anteil des Marktbedarfes der jeweiligen Erzeugnisse dar, den das Unternehmen zu befriedigen gedenkt. Das Vertriebsprogramm ist also eine "Sammlung" von Erzeugnisbedarfen. In dieser Arbeit werden beide Begriffe z.T. synonym gebraucht, wenn sich eine Aussage sowohl auf einen einzelnen Erzeugnisbedarf als auch auf die Summe aller Bedarfe bezieht.

2) Die Zusammenhänge zwischen Planungsstufe und Planungshorizonten sind z.B. in /16/, /26/ und /27/ beschrieben.

3) Mit dem Begriff Kapazitätsabstimmung ist hier die Festlegung der Montagekapazitäten für die einzelnen Erzeugnisse gemeint.

auf, die jedoch eine gewisse Flexibilität bezüglich der
Kapazitätsanpassung aufweisen[1].

2.2 Kostenbetrachtung bei der Produktionsprogrammplanung

In der Produktionsprogrammplanung sind Entscheidungen darüber zu
treffen, wie die verfügbare Personalkapazität auf die Montagesysteme[2] und damit auf die Produkte zu verteilen ist, welche Produkte in welcher Menge auf Lager gelegt werden sollen und nicht
zuletzt, welche Produkte zu welchem Zeitpunkt zu fertigen sind.
Eine vollständige Formulierung der Zielsetzung ist Voraussetzung
für die Entwicklung eines Planungsverfahrens der Produktionsprogrammplanung, das diese in der Planung anstehenden Entscheidungen
bezüglich der Bevorratung und des Kapazitätsabgleichs automati-
siert[3]. Da als Formalziel der Produktionsplanung und -steuerung
die Minimierung der entscheidungsrelevanten Kosten[4] /10/ anzu-

---

1) Die Flexibilität bezüglich der Kapazitätsanpasssung wird vor
allem durch die Planung des Aufbaus von Montagesystemen und der
Abstimmung des Montagesystems auf die darauf zu produzierenden
Produkte bestimmt. Diese Abstimmung umfaßt z.B. die Zuordnung der
einzelnen Montageschritte und Werkzeuge zu Arbeitsplätzen und wird
als Leistungsabstimmung von Monategesystemen bezeichnet. Eine
nahezu vollständige, vergleichende Übersicht über die Verfahren
der Leistungsabstimmung stellt Fremerey /28/ dar. Weitere Arbeiten
liegen z.B. in /29/, /30/, /31/ vor.
Die Leistungsabstimmung darf nicht verwechselt werden mit der hier
betrachteten Aufgabe der Kapazitätsabstimmung. Diese geht von vorhandenen Montagesystemen (black-box-Prinzip) aus von denen nur
bekannt ist, wieviel Personal sie für einen sinnvollen Betrieb
mindestens benötigen, und wieviel Personal maximal zugeordnet
werden kann. Außerdem wird vereinfachend angenommen, daß innerhalb
des möglichen Personalstands die Leistung linear mit den zugeordneten Personalstunden steigt. Diese Annahme ist sinnvoll vor dem
Hintergrund einfacherer und/oder sich selbst organisierender
Montagezellen.

2) Vähning /32/ definiert Montagesysteme als Arbeitssysteme im
Montageprozeß, deren Arbeitsaufgabe darin besteht, Einzelteile zu
Baugruppen oder Einzelteile und Baugruppen zu Produkten
zusammenzubauen. Zur Ausführung der Arbeitsaufgabe wirken Mensch
und Arbeitsmittel als Elemente des Arbeitssystems in einer
gemeinsamen Arbeitsumgebung zusammen (vgl. auch /29/ und /33/).

3) Sollen Planentscheidungen zweckrational vollzogen werden, so
setzt dies nach /10/ eine Formulierung der Zielsetzung voraus, an
der sich die Planungsentscheidungen orientieren.

4) Wöhe /5/ spricht hier von einer "entscheidungsorientierten oder
zweckorientierten Kostenrechnung". Die Aufgabe einer solchen

streben ist, werden bei der Formulierung der Zielsetzung die
betrieblichen Kosten und Werteströme zu betrachten sein. Um die
bei der Produktionsprogrammplanung zu berücksichtigenden Kostenarten[1] im einzelnen bestimmen zu können, ist zu beachten, daß
unterschiedliche Produkte ähnliches, z.T. aber auch verschiedenes
Absatzverhalten aufweisen (Weihnachtssaisonalität, Ostersaisonali-
tät, Sommer-, Herbst-, Wintersaisonalitäten). Bei der Gewinnung
neuer Vertriebswege können z.B. aber auch zeitlich begrenzte
Bedarfsspitzen auftreten, die abgedeckt werden müssen. Die unterschiedlichen im Vertriebsprogramm festgelegten Bedarfsverläufe
haben wechselnde Kapazitätsengpässe bei wechselnden Erzeugnissen
zur Folge. Wenn auf Kapazitätsengpässe nicht durch unmittelbare
Kapazitätserhöhung reagiert werden kann (z.B. aufgrund langfri-
stiger Personalplanung) oder der Kapazitätsengpaß nur temporär
oder in bestimmten Produktbereichen auftritt, so kann darauf in
zweierlei Weise reagiert werden, zum einen durch Umordnen von
Kapazitäten (z.B. Umsetzen von Personal)[2], zum andern durch

---

Kostenrechnung besteht darin, genau die Kosten anzugeben, die von
den variierten Planparametern funktional abhängig sind. Diese
Kosten werden als relevante Kosten bezeichnet.
Die Kosten für die Produktion werden von Hummel u.a. /34/ unterteilt in die Bereitschaftskosten und die Leistungskosten. Die
Bereitschaftskosten sind unabhängig vom Produktionsprogramm -
hierzu zählen z.B. Gebäudekosten, Produktionsgemeinkosten etc.
Demgegenüber hängen die Leistungskosten in ihrer Höhe vom tatsächlich realisierten Produktionsprogramm ab und variieren (bei gege-
bener Kapazität und festliegender Betriebsbereitschaft) mit Art,
Menge und Wert der erzeugten Erzeugnisse. Daher ist es zunächst
sinnvoll nur die Leistungskosten bei der Produktionsprogrammplanung zu berücksichtigen. Die durch die Produktionsprogrammplanung und den Kapazitätsabgleich direkt beeinflußbaren Kosten
sind im wesentlichen die Kapitalbindungskosten und die Loswechselkosten (vergl. /15/, /35/).

1) Nach Wöhe /5/ dient die Kostenartenrechnung der systematischen
Erfassung aller Kosten, die bei der Erstellung und Verwertung der
Kostenträger (Leistungen) entstehen. Kostenarten können daher nach
unterschiedlichen Kriterien systematisiert werden. Die am häufig-
sten benutzte Einteilung ist die nach Art der verbrauchten
Produktionsfaktoren in
        - Personalkosten,
        - Sachkosten,
        - Kapitalkosten,
        - Dienstleistungskosten Dritter und
        - Kosten für Steuern, Gebühren und Beiträge.
Diese Gliederung kann weiter verfeinert werden.

2) Die Umordnung von Personal stellt natürlich entsprechende Voraussetzungen an die Qualifikation der Mitarbeiter /36/ und
erfordert den Aufbau eines entsprechenden betrieblichen

Entkopplung des Vertriebsprogramms vom Produktionsprogramm durch
Aufbau von Vorräten. Mit der Umordnung von Kapazitäten sind aber
Kosten (z.B. Umlern- und Einlernkosten, u.U. Rüstkosten für Mon-
tagelinien etc.) verbunden. Wenn also Kapazitätsanpassungen in der
Produktionsprogrammplanung erlaubt werden, müssen Rüst- und
Umsetzkosten berücksichtigt werden. Bei Aufbau von Beständen
entstehen dem Unternehmen Kosten aufgrund der Bindung von Kapital
und (Lager-) Platz für ein Erzeugnis. Dies ist in Form von
Bestandskosten ebenfalls zu berücksichtigen.

Da durch Saisonalitäten und kurzfristige Bedarfsspitzen nicht von
einem kapazitätskonformen Bedarfsvolumen und -verlauf ausgegangen
werden kann, werden Situationen auftreten, bei denen innerhalb der
zur Verfügung stehenden Reaktionszeit weder durch Bestandsaufbau
noch durch Kapazitätsverlagerung alle Bedarfe rechtzeitig gedeckt
werden können. Das Produktionsprogramm ist in diesem Fall auf die
verfügbare Kapazität anzupassen. In diesem Fall sind E n t -
s c h e i d u n g e n darüber zu fällen, welche Produkte zu
produzieren und welche (trotz bestehendem Bedarf) nicht zu produzieren sind. Eine derartige Entscheidung allein auf der Basis von
Bestands- und Rüstkosten zu fällen, hieße, gerade die Endprodukte
zu produzieren, für die die vorhandenen Arbeitsplätze momentan gerüstet sind. Dies ist n i c h t o p p o r t u n . Daher ist
bei der Beurteilung eines Produktionsprogramms eine weitere Kostenart zu berücksichtigen, die aussagt, was es kostet, ein Endprodukt nicht zu produzieren und damit eine Entscheidungshilfe bei
einem Kapazitätsengpaß gibt, was zu produzieren ist und was nicht.
Diese Kostenart wird in der betriebswirtschaftlichen Literatur als
O p p o r t u n i t ä t s k o s t e n[1] bezeichnet.

Instrumentariums (z.B. Einrichtung von Springerplätzen etc.) /37/.
Dieses Instrumentarium ist jedoch nicht Inhalt der vorliegenden
Arbeit, sondern es wird vom Vorhandensein eines entsprechenden
Instrumentariums ausgegangen.

1) Opportunitätskosten, von Green stammender, später auch nach
Davenport und Marshall verwendeter Kostenbegriff, demzufolge Kosten einem entgangenen Nutzen gleich sind. Der Entgang des Nutzens
ist gebunden an das Vorhandensein konkurrierender Verwendungsmög-
lichkeiten für knappe Mittel /34/, /38/, /39/.

Die Bewertung von Bestands- und Opportunitätskosten kann aus einer
Liquiditätsbetrachtung[1] des Montagebetriebs abgeleitet werden.
Bei der Liquiditätsrechnung werden die Geldströme zeitbezogen
dargestellt, um den Liquiditätsverlauf des Unternehmens zu berechnen. Als liquiditätsbezogene Zielsetzung soll die Sicherstellung einer ausreichenden Liquidität des Unternehmens unterstellt werden. Mangelnde Liquidität ist durch externe Mittel
auszugleichen (vgl. /5/). Diese jedoch kosten das Unternehmen
Kapitalbeschaffungskosten (Zinsen etc.). Bestände entziehen dem
Unternehmen liquide Mittel in Höhe der Herstellkosten (Lohn- und
Materialkosten).

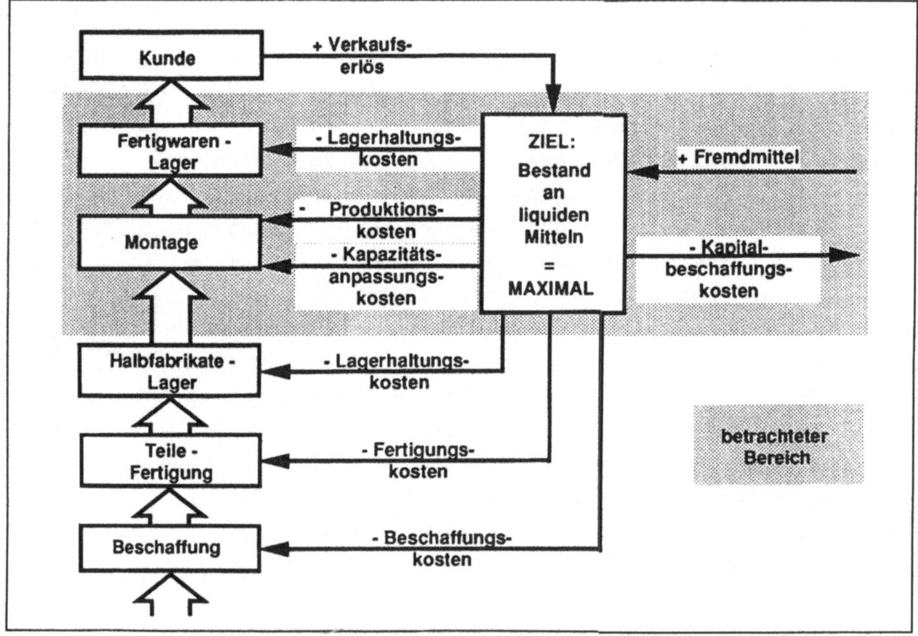

Bild 2   Darstellung der relevanten Kosten im Rahmen der
         wichtigsten Werteströme im betrachteten Ausschnitt
         (in Anlehnung an /40/)

1) Wöhe /5/ definiert die Liquidität eines Unternehmens als die
Fähigkeit, seinen fälligen Verbindlichkeiten unter der Voraussetzung des reibungslosen Ablaufs des Betriebsprozesses, (d.h.
z.B. der Vermeidung von Notverkäufen) termingerecht nachzukommen.
Nach Gutenberg /4/ setzt Liquidität voraus, daß die Zahlungsmit-
teldeckung in jedem Augenblick größer oder gleich dem Zahlungs-
mittelbedarf ist.

Zusätzlich zu den Kapitalbindungskosten fallen auch anteilig Lagerkosten an. Daher können die Bestandskosten definiert werden als die Anzahl der Produkte, die auf Lager liegen, multipliziert mit den jeweiligen Herstellkosten und der Summe aus Kapitalkostenfaktor und Lagerkostenfaktor. Befindet sich die Produktion im Rückstand, so werden dem Unternehmen keine liquiden Mittel entzogen aber die möglichen Verkaufserlöse werden durch den Kapazitätsengpaß begrenzt. Eine maximale Liquiditätserhöhung des Unternehmens erhält man, wenn man die Produkte fertigt, die pro Leistungseinheit des Engpasses (z.B. Stunde) die höchste Differenz zwischen Verkaufspreis (Liquiditätszufluß) und Herstellkosten (produktbezogener Liquiditätsabfluß) aufweisen[1]. Diese Differenz wird in der betriebswirtschaftlichen Literatur als Deckungsbeitrag[2] des Produkts bezeichnet. Opportunitätskosten ergeben sich also als Produkt der verkaufbaren (abzüglich der produzierbaren) Menge eines Produkts multipliziert mit dem Deckungsbeitrag des Produkts.

2.3 Zusammenspiel zwischen Auftragsbildung und Kapazitätsabstimmung vor dem Hintergrund der entstehenden Kosten

Auftragsbildung und Kapazitätsabstimmung stehen vor dem Hintergrund der planungsrelevanten Kosten in enger Beziehung zueinander, wie Bild 3 verdeutlicht. Durch Erhöhung der Kapazität lassen sich z.B. größere Produktionsmengen zur Befriedigung des Marktbedarfs erreichen, durch Reduzierung der Kapazität kann die Produktion "auf Halde" verhindert werden. Da aufgrund der Flexibilität der Montage das Kapazitätsangebot an die Bedarfsverläufe angepaßt werden kann, dies jedoch mit Aufwand (d.h. mit Kosten) verbunden ist, genügt es nicht, die Auftragsbildung und Lagerplanung nur auf der Basis eines vorgegebenen, d.h über den zu planenden Zeitraum

---

1) Eine Auswahl der Leistungsarten in der Reihenfolge abnehmender engpaßbezogener Deckungsbeiträge führt automatisch zur Maximierung des Gewinns - und zwar unabhängig von der Höhe der jeweils abzudeckenden Bereitschaftskosten /34/.

2) Der Begriff Deckungsbeitrag läßt sich zunächst definieren als der Überschuß der Einzelerlöse über die Einzelkosten eines bestimmten sachlich und zugleich zeitlich abgegrenzten Kalkulationsobjekts, mit dem dieses Kalkulationsobjekt zur Deckung der Gemeinkosten und zur Erzielung des Gewinns beiträgt /34/, /41/.

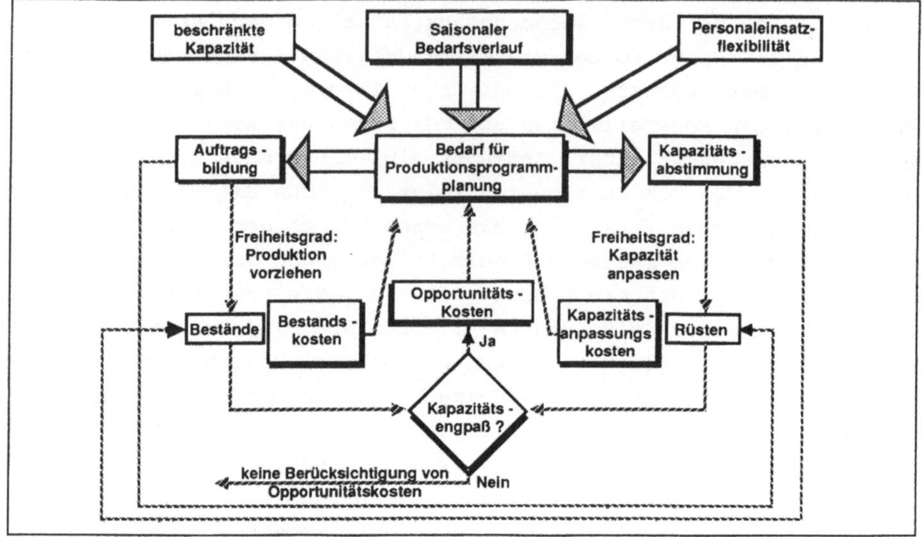

Bild 3   Zusammenfassende Darstellung der Problemstellungen der
         Produktionsprogrammplanung

fest verteilten Kapazitätsangebots durchzuführen, sondern die die
Bedarfsschwankungen ausgleichenden Kapazitätsverschiebungen sind
ebenfalls mit zu   p l a n e n ,   um Aussagen über tatsächliche
Bestands-, Opportunitäts- und Rüstkosten treffen zu können. Der
grundlegende Mechanismus, der beschreibt, wie die Kosten durch
eine Veränderung der Kapazität beeinflußt werden, kann wie folgt
dargestellt werden:

- Durch Erhöhung der Kapazität für ein bestimmtes Produkt oder
  eine bestimmte Produktgruppe[1] können Rückstände verhindert
  oder gesenkt werden. Dadurch erhöhen sich jedoch die Bestandskosten für dieses Produkt bzw. diese Produktgruppe.
- Durch Reduzierung der Kapazität für eine bestimmte Produktgruppe können die Bestandskosten für diese gesenkt werden.
- Jede Kapazitätsänderung zieht jedoch ebenfalls Kosten nach sich
  (Rüstkosten, Umsetzkosten). Daher ist die Kostenreduzierung
  durch bedarfsnähere Produktion den Kosten gegenüberzustellen,
  die eine Kapazitätsanpassung auf den Bedarf nach sich zieht.

---

1) Diese Aussage gilt immer bei begrenzter Produktionskapazität.
Der "Verschiebung" der Kapazität bei losweiser Montage entspricht
eine Änderung der Aufteilung der Montagekapazität bei Modell-Mix.

Für die beschriebene Problemstellung ist daher eine Berücksichtigung der Kapazität als starre Obergrenze für jeden Montageplatz
nicht ausreichend, sondern es ist eine s i m u l t a n e[1] Planung von Auftragslosen und Personalverteilung zu fordern, um die
Zielstellung einer kostenoptimalen Planung erfüllen zu können
/43/. Die Zielstellung minimaler entscheidungsrelevanter Kosten
wird dann erreicht, wenn die mit dem erstellten Produktionsprogramm und Kapazitätsplan verbundenen Gesamtkosten die sich als
Summe der Kapazitätsanpassungkosten (das sind Rüst- und Umsetzkosten), Bestandskosten und Opportunitätskosten darstellen, ein
Minimum ergeben.Bild 3 verdeutlicht diese Zusammenhänge.

2.4 Kapazitätsabstimmung und Auftragsbildung bei losweiser Montage

Wichtigster Einflußfaktor auf die Produktionsplanung und -steuerung, und damit auch auf die Produktionsprogrammplanung, ist der
organisatorische Aufbau des zu planenden Produktionsbereichs /44/.
Neben der reinen Einzelmontage, die z.B. im Anlagenbau vorkommt,
gibt es in der Serienfertigung unterschiedliche Organisationsformen zur Abwicklung der Montage (vgl. /32/, /45/), die sich in
der zeitlichen Zuordnung der Produkte zu den einzelnen Montagesystemen unterscheiden:

- Bei der Einproduktfertigung ist ein Montagesystem auf ein
  bestimmtes Produkt ausgerichtet. Ein Wechsel der Zuordnung
  erfolgt nur in großen Zeitabständen.
- Bei gemischter Fertigung (stetiger Sortenwechsel) spricht man
  auch von Modell-Mix Montage. Aufträge mit unterschiedlichen
  Erzeugnissen oder Erzeugnisvarianten werden ohne Umstellung der
  Montagelinie (zeitlich) parallel montiert.

---

1) Fuchs u.a. /42/ verstehen unter Simultanplanung die "gleichzeitige" Planung von Mengen und Terminen der Auftragslose unter
Kapazitätsaspekt. Zimmermann /22/ versteht unter Simultanplanung
die simultane Programm-, Losgrößen- und Lossequenzplanung unter
Berücksichtigung verfügbarer Kapazitäten. Dieses Verständnis der
Simultanplanung ist für die vorgestellte Problemstellung nicht
ausreichend, da hier eine simultane Planung der Auftragslose
(Mengen, Termin, Sequenzen) und des Kapazitätsangebots gemeint
ist. Die vorgestellte Problematik beinhaltet daher einen weiteren,
bisher in der Literatur noch nicht beachteten Aspekt einer
"simultanen Planung".

- Die Montage in Losen[1] ist dadurch gekennzeichnet, daß das Montagesystem, abgesehen von der Rüstphase, mit einem Produkt belegt ist. D.h. auch wenn ein Montagesystem aus mehreren Arbeitsplätzen besteht (z.B. Fließmontage), so wird bei losweiser Montage dennoch vorausgesetzt, daß jedes Fertigungslos ohne Unterbrechung abgearbeitet wird. Dies setzt, um wirtschaftlich fertigen zu können, voraus, daß die Arbeitsinhalte an allen Montagestationen so aufeinander abgestimmt sind, daß keine oder nur geringe Leerzeiten[2] an einzelnen Arbeitsplätzen entstehen. Dies ist in der Regel nur bei einfachen, wenig tief strukturierten Produkten möglich. Im Idealfall handelt es sich nur um eine Person, die ein Erzeugnis vollständig und in einem Schritt montiert.

Die Organisationsform ist im wesentlichen vorgegeben durch die bestehenden Montagesysteme und kann im Rahmen der Produktionsprogrammplanung nicht verändert werden. Die Problemstellung für die Produktionsprogrammplanung bei l o s w e i s e r M o n t a g e ist gekennzeichnet durch folgende Eigenschaften (vgl. hierzu /48/) (Tabelle 2):

- Bedarfe treten nicht als Einzelbedarfe sondern im Regelfall als diskrete, oftmals auf bestimmte Perioden (Wochen-, Monats- oder Jahresbedarfe) bezogene Bedarfe auf, die im Absatzprogramm festgelegt sind.
- Bei beschränkter Montagekapazität verbunden mit schwankenden Bedarfen (insbesondere Saisonalitäten) muß der Teil der Bedarfe, der die bestehende Kapazität übertrifft, durch Bestände gedeckt sein, um zu jedem Zeitpunkt lieferfähig zu bleiben, d.h. es sind Bestände zu führen und bei der Planung zu berücksichtigen.
- Eine flexible Reaktion auf Marktbedürfnisse erfordert u.U. eine Umbesetzung von Arbeitsplätzen. Ändert sich dabei der Arbeitsinhalt des Personals, so tritt vorübergehend ein Leistungsver-

---

1) Als Los wird die Menge eines Erzeugnisses bezeichnet, die ohne Unterbrechung durch andere Erzeugnisse auf einem Montagesystem gefertigt wird.

2) Unter der Leerzeit wird in der Regel die Zeitdifferenz zwischen der durch die längste Arbeitszeit eines Arbeitsplatzes gegebene Taktzeit und der Bearbeitungszeit am betrachteten Arbeitsplatz verstanden. Vergleiche hierzu /44/, /46/, /47/.

lust auf, der Mehrkosten verursacht (Loswechselkosten der losweisen Montage).

Die reine Einproduktmontage ist beschränkt auf wenige, varianten-
arme Produkte. Da keine Kapazitätskonkurrenz betrachtet werden
muß, beschränkt sich die Kapazitätsabstimmung auf die Anpassung
der Kapazität an die Bedarfe, soweit dies innerhalb der technischen Grenzen einer solchen Einproduktmontage möglich ist. Die
Einproduktmontage ist daher ein T e i l p r o b l e m der
betrachteten losweisen Montage.

KRITERIEN / ORGANISATIONS-FORMEN	Art der Montagesysteme	Zeitliche Zuordnung der Produkte zum Montagesystem	Lagerfertigung Kundenauftragsfertigung	Planungsproblematiken
EINPRODUKT-FERTIGUNG	Montagelinien (Montagezellen)	1 : 1 Produktwechsel in größeren Zeitabständen	Lagerfertigung	Minimierung der Leerzeiten Kapazitätsanpassung an Marktbedarfe
LOSWEISE MONTAGE	Montagelinien Montagezellen Einzelarbeitsplätze Arbeitsplatzgruppen	n : 1 Produktwechsel häufig Montagelose	Lagerfertigung oder / und Kundenauftragsfertigung	Auftragsplanung Kapazitätsabgleich zwischen versch. Montagesystemen und Produkten
MODELL-MIX-MONTAGE	(getaktete) Montagelinien	n : 1 Zeitlich parallele Bearbeitung unterschiedlicher Produkte	Kundenauftragsfertigung mit geringem Anteil Lagerfertigung	Reihenfolgeplanung Kapazitätsplanung innerhalb Montagesysteme Minimierung der Leerzeiten
EINZELMONTAGE (ANLAGENBAU)	Baustellenmontage Standmontage	1 : n parallele Arbeit an einem Produkt	Kundenauftragsfertigung	Termin- und Kapazitätssynchronisation der einzelnen Baugruppen

behandelte Organisationsform

Tabelle 1   Problemrelevante Charakteristiken der betrachteten
Organisationsformen der Montage

Die Modell-Mix Montage und insbesondere die getaktete Modell-Mix
Montage wird häufig bei tief gegliederten Produkten angewendet.
Dies ist vor allem dann der Fall, wenn für alle unterschiedlichen
Typen nur wenige Montagesysteme (d.h. Taktbänder) zur Verfügung
stehen. Aufgrund des hohen Werts der einzelnen Produkte kann in
der Regel von einer kundenbezogenen Montage ausgegangen werden, so
daß k e i n e B e s t a n d s p r o b l e m a t i k   wie bei

losweiser Montage besteht. Die Problemstellung bei der Planung von
Montagesystemen, die im Modell-Mix betrieben werden, ist in der
Abstimmung der Arbeitsinhalte der (aufgelegten) Produkte auf die
Kapazität der einzelnen Stationen[1].

Im Anlagenbau (Montage) mit Einzel- und Kleinseriencharakter kann
in der Regel ebenfalls von einem v o r h a n d e n e n Kunden-
auftrag ausgegangen werden. Wichtigstes Ziel der Auftragsbildung
ist hier die Sicherstellung der Liefertermine unter dem Gesichtspunkt beschränkter Fertigungskapazitäten. Auch zu dieser Problemstellung wurden schon Lösungen (z.B. Netzplantechniken) erarbeitet, welche der betrieblichen Praxis genügen (vgl. /51/, /52/,
/53/, /54/).

Da die Problemstellungen der Modell-Mix-Montage und der Einzelmontage zum einen stark von der Problemstellung bei losweiser
Montage abweichen und außerdem bereits praxisgerechte Lösungen
erarbeitet wurden, werden daher Modell-Mix-Montage und Einzelmontage von einer weiteren Betrachtung ausgeschlossen.

2.5 Flexibilität der Kapazität von Montagesystemen

Die Flexibilität der Kapazität, d.h. der möglichen Zuordnung von
Produkten ist ein Teilaspekt der Flexibilität von Montagesystemen.
Die Entwicklungsflexibilität, welche die Anpaßbarkeit des Montagesystems an zukünftige Aufgaben beschreibt, ist in dieser Arbeit
nicht von Interesse. Die Planung des Montagesystems muß vor Ein-
setzen der Produktionsprogrammplanung abgeschlossen sein, d.h. es
muß bekannt sein, welche Produkte mit welcher Leistung auf den
einzelnen Montagesystemen gefertigt werden können. Daher ist von
den von Vähning /32/ beschriebenen und in Bild 4 skizzierten
Flexibilitätsarten die Bestandsflexibilität und insbesondere die
Zuordnungsflexibilität die für die Produktionsprogrammplanung
wichtigste, welche durch die Gestaltung (Planung) des Montagesy-

---

1) Eine nahezu vollständige vergleichende Übersicht über Probleme
und bekannte Verfahren zur Lösung der Modell-Mix Problematik im
angelsächsischen Raum kann /49/ entnommen werden. Arbeiten im
deutschsprachigen Raum liegen z.B. in /44/, /46/, /47/, /48/ und
/50/ vor.

stems vorgegeben ist. Durch diese ist die grundsätzliche Zuordnungsmöglichkeiten von Produkten bzw. Produktgruppen zu einem bestimmten Montagesystem definiert.

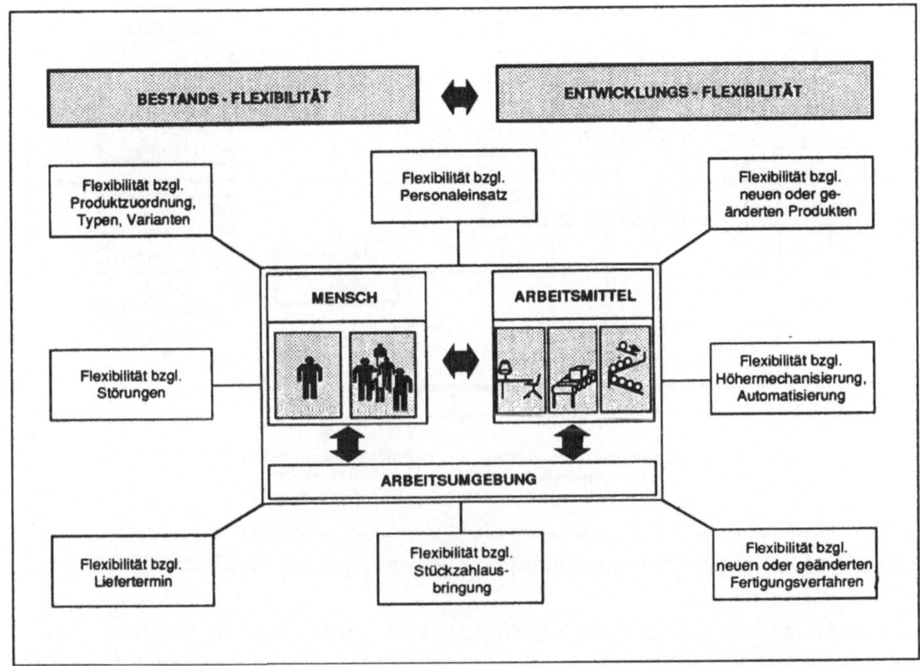

Bild 4 Flexibilitätsarten in Montagesystemen (in Anlehnung an /32/).

Die unterschiedliche Gestaltung der Montagesysteme (z.B. als Fließlinie mit mehreren Arbeitsplätzen, als Einzelarbeitsplatz oder Doppelarbeitsplatz) hat erhebliche Auswirkungen auf die Kapazität jedes einzelnen Montagesystems /55, 56/. Es ist jedoch nicht sinnvoll, einen physischen Arbeitsplatz als Kapazitätseinheit zu definieren, da (z.B. in einer Fließlinie) mehrere physische Arbeitsplätze miteinander gekoppelt als Systemeinheit ein Produkt erstellen. Daher soll im folgenden unter einem M o n t a g e s y s t e m eine zu r ü s t e n d e E i n h e i t verstanden werden. So werden z.B. durch die einem Montagesystem zugeordneten Betriebsmittel mitbestimmt, welche Produkte darauf gefertigt werden können. Dieser "Ausrüstungszustand" kann Werkzeuge und Vorrichtungen aber auch Kleinteile wie z.B. Widerstände, Dichtringe etc., die in Behältern am Arbeitsplatz liegen, umfas-

sen. Diese Eigenschaft eines Montageplatz soll als R ü s t z u -
s t a n d des Montagesystems bezeichnet werden.

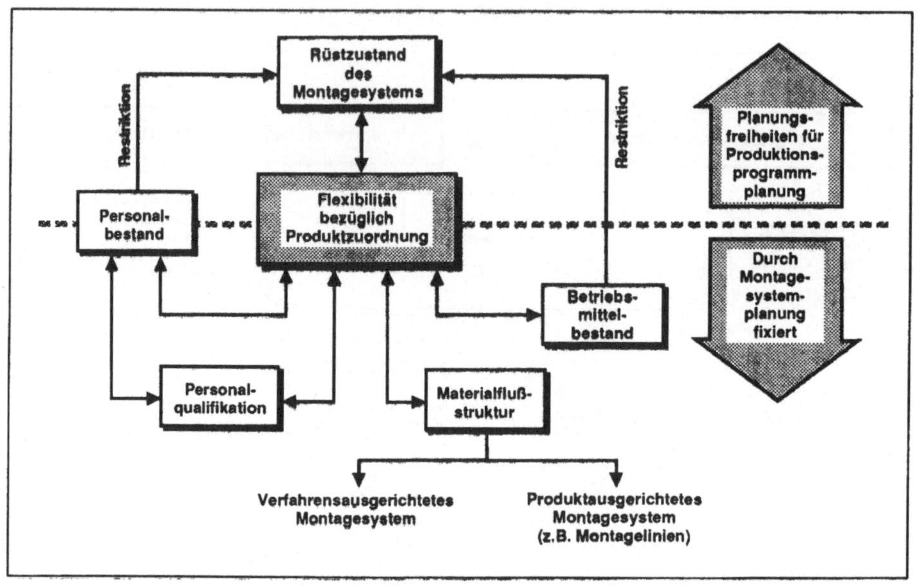

Bild 5   Abhängigkeiten der Produktzuordnungsflexibilität

Durch den Rüstzustand wird eindeutig bestimmt, welche Produkte im
einzelnen auf einem Montagesystem gefertigt werden können. Dabei
können u.U. auch mehrere Montagesysteme denselben Rüstzustand
haben. In der Regel kann jedoch nicht jedes Montagesystem jeden
Rüstzustand annehmen. So sind z.B. Fließlinien i.d.R. bereits auf
die Montage einer bestimmten Erzeugnisgruppe ausgerichtet. Daraus
folgt, daß hinsichtlich der Flexibilität der Montage Beschrän-
kungen dahingehend bestehen können, daß nicht jedes Erzeugnis auf
allen Arbeitsplätzen gefertigt werden kann. Der Begriff des Rüstzustands wird in der Kapazitätsbetrachtung der Montage deshalb
nötig, weil eben aufgrund der Flexibilität der Montagesysteme ein
auf eben diesen Montagesystemen basierendes Kapazitätsmodell (wie
in der Teilefertigung) nicht möglich ist. So ist es beispielsweise
nicht sinnvoll, im Arbeitsplan ein bestimmtes Montagesystem zu
hinterlegen, an dem das Produkt zu fertigen ist, da in der Regel
mehrere (gleichwertige) Montagesysteme zur Verfügung stehen können, an denen das Produkt montiert werden kann. Die Arbeitsvorbereitung wird daher nicht den Arbeitsplatz sondern nur den Rüstzu-

stand vorgeben. Alle Erzeugnisse, die einen bestimmten gleichen
Rüstzustand eines Arbeitsplatz voraussetzen, werden im folgenden
als   E r z e u g n i s g r u p p e [1]   bezeichnet. Rüstaufwand
entsteht also an einem Arbeitsplatz nur dann, wenn sich mit dem
Produktwechsel auch die Erzeugnisgruppe ändert[2]. Innerhalb einer
Erzeugnisgruppe entsteht   k e i n   Rüstaufwand.

2.6 Auftragsbildung und Planbestandsrechnung

Die Auftragsbildung dient der Umsetzung von (Markt-)Bedarfen[3] in
(vorläufige) Montageaufträge. Die Bedarfe sind in Form des Absatzprogramms festgelegt, die Montageaufträge werden in Form des Produktionsprogramms für einen bestimmten Zeitraum fixiert /5/. Die
Bedarfsvorgaben für   a l l e   zu montierenden Erzeugnisse werden
in der Regel von einer bestimmten Stelle im Betrieb (Vertrieb,
Verkauf etc.) erstellt und an die Produktion in Form des Vertriebsprogramms weitergegeben wird. Da das Planungsverfahren
kapazitätsbezogen arbeiten soll, müssen die im Absatzprogramm
hinterlegten Bedarfsvorgaben   v o l l s t ä n d i g   sein. D.h.
nicht durch Abrufe und Kundenbestellungen abgedeckte, aber erwartete Bedarfe (Verkaufsdispositionen) müssen ebenfalls berücksichtigt werden, um realistische Liefertermine und Liefermengen zu er-

---

1) Die Bildung homogener Erzeugnisgruppen ist nach Sauer /29/
bereits Aufgabe der Kapazitätsplanung von Montagesystemen. Bei
betrachtung von Montagesystemen mit mehreren Arbeitsplätzen ist
diese Planung von erheblicher Komplexität. Im Rahmen dieser Arbeit
wird von bereits vorhandenen Erzeugnisgruppen ausgegangen.

2) In der Angelsächsischen Literatur wird dies als Group
Technology beschrieben /58/, /59/. Die Group Technology beschreibt
eine Produktionsphilosophie nach der Erzeugnisse mit ähnlichen
Produktionsprozessen zu Erzeugnisgruppen ("families") zusammengefaßt werden und die für deren Produktion notwendigen Ressourcen
in örtlich konzentrierten Produktionssystemen (production cells
oder technology cells) bereitgestellt werden und so Rüstaufwände
innerhalb von Erzeugnisgruppen vermieden werden können.

3) Die Auftragsbildung hat die Aufgabe, Aufträge so zu bestimmen,
daß ein möglichst guter Kompromiß zwischen Bedarf an Erzeugnissen
und Kapazitäten auf der einen und dem Angebot, der Verfügbarkeit
von Erzeugnissen und Kapazitäten auf der anderen Seite gefunden
wird (Warnecke u.a. /61/). Der Bedarf ist hier gleichzusetzen mit
dem von den Kunden kommenden Primärbedarf. (zu den Begriffen
Bedarf und Auftragsbildung vgl. auch /62/ und /63/).

halten. Um die Auftragsbildung außerdem abhängig von den (voraus-
sichtlich) entstehenden Bestandskosten durchzuführen, sind Aus-
sagen über zukünftige Bestandsverläufe zu treffen. Zukünftige
Bestände, die sich aufgrund von geplanten Fertigungslosen und
geplanten Bedarfen errechnen, werden im folgenden mit **P l a n -
b e s t a n d**[1] bezeichnet. Der Planbestand zu einem beliebigen
Zeitpunkt T errechnet sich als Differenz zwischen Istbestand zum
Betrachtungszeitpunkt $T_0 < T$ zuzüglich aller geplanten Zugänge (=
Zugang gemäß Montageprogramm) und abzüglich der geplanten Abgänge
(= Absatz gemäß Absatzprogramm) bis zum Zeitpunkt T. Sollen die
aus den errechneten Planbeständen abzuleitenden Bestandskosten in
eine Optimierungsrechnung einfließen, so müssen die errechneten
Planbestände den tatsächlich auftretenden Beständen rechnerisch
nahekommen. Daraus leiten sich zwei Forderungen an die Planbestandsrechnung ab:

I. Die geplanten Abgänge müssen den tatsächlichen nahekommen.
Da in den Betrieben in der Regel eine Arbeitsteilung zwischen Vertrieb und Produktion herrscht, kann das Absatzprogramm auch als
Fixierung von Verkaufsaufträgen aufgefaßt werden, deren Bedarfe
durch die Produktion (Montage) abzudecken sind. Dadurch können die
tatsächlich entstehenden Bestände unterteilt werden in durch den
Vertrieb verursachte Bestände (z.B. durch falsche Prognosen) und
in durch die Produktion verursachte Bestände (z.B. durch zu frühes
Fertigen). Unter der Voraussetzung einer arbeitsteiligen Trennung
der Verantwortlichkeiten und Tätigkeiten zwischen Vertrieb und
Produktion muß die Erfolgsrechnung zwischen vom Vertrieb verursachten Beständen und von der Produktion verursachten Beständen
unterscheiden. Damit sind aber die im Absatzplan hinterlegten Bedarfszahlen als für die Ermittlung des "Produktionserfolgs" grund-
legend[2].

II. Die geplanten Zugänge müssen den tatsächlichen nahekommen.
Die sich tatsächlich einstellenden Bestandszugänge sind entschei-
dend abhängig von der zur Verfügung stehenden Kapazität. Die zur
Verfügung stehende Kapazität muß also bereits bei der Auftrags-

---

1) zum Begriff Planbestand vergleiche Wilhelm /64/.

2) Werden Vertrieb und Produktion als "Profit-Center" eingerich-
tet, so ist diese Trennung sogar Voraussetzung dafür.

bildung mit berücksichtigt werden, um m a c h b a r e Montageaufträge und damit Planzugänge zu erhalten. Wird die verfügbare
Kapazität bei der Losbildung nicht berücksichtigt, so wird der
Planbestand ausschließlich abhängig von V o r g a b e p a r a -
m e t e r n , wie z.B. Zyklusdauer, wirtschaftlicher Losgröße
etc.. Eine darauf aufbauende Planbestandsrechnung wäre sinnlos, da
das Ergebnis der Planbestandsrechnung u n a b h ä n g i g vom
Produktionssystem und seiner Kapazität wäre.

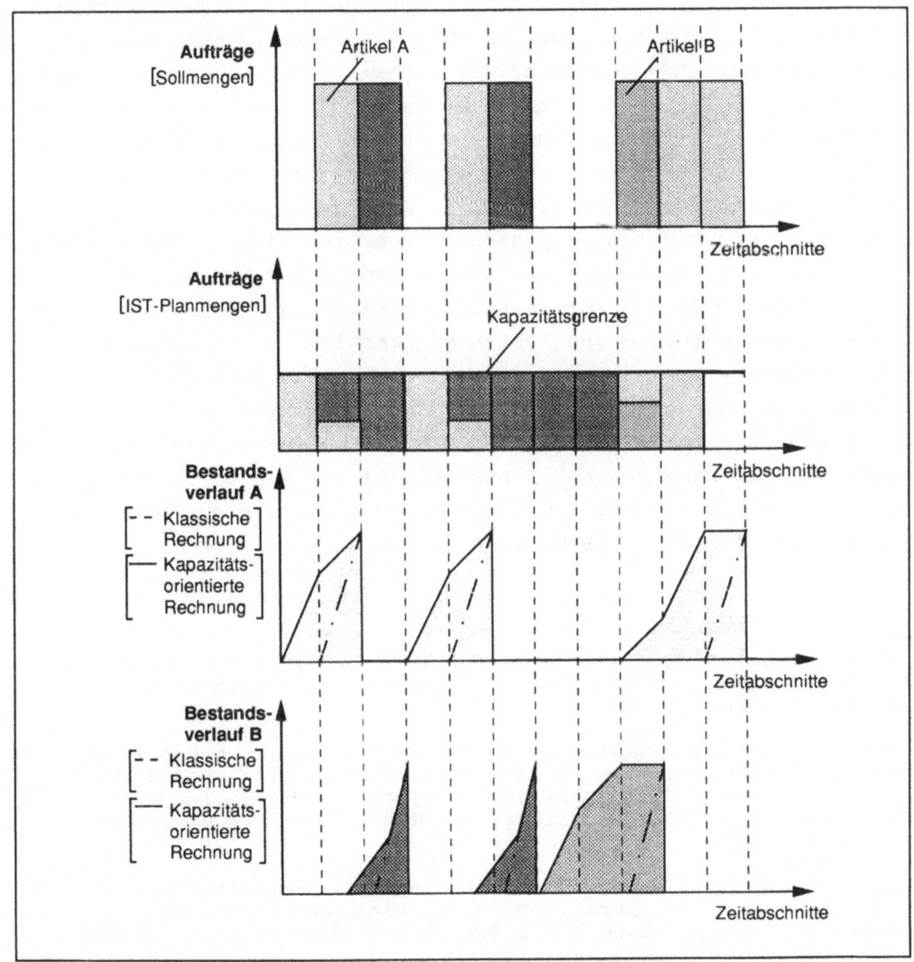

Bild 6 Auswirkung beschränkter Kapazität auf die Differenz
zwischen Planbeständen bei klassischer Rechnung und kapazitäts-
orientierter Rechnung.

2.7 Ausschluß von Zugangsbeschränkungen

In der Montage sind die wesentlichen, die Produktion begrenzenden produktiven Faktoren[1] neben der verfügbaren Montagekapazität die Verfügbarkeit von Material und Baugruppen. Bei der hier betrachteten Problemstellung handelt es sich um die mittelfristige Produktionsprogrammplanung für den Bereich der Endmontage. Die im Montageprogramm hinterlegten Aufträge bilden den wesentlichen Teil des Primärbedarfs[2] und sind damit Grundlage für die Bestellrechnung (Materialbeschaffung) der im Planungsablauf nachgeschalteten und im Materialfluß[3] vorgeschalteten Bereiche von Vormontage und Teilefertigung. Die im kurzfristigen Bereich auftretenden Bedarfserhöhungen, die zu Materialengpässen führen können, sind damit innerhalb des der Produktionsprogrammplanung nachfolgendem Planungsschritts der Mengenplanung zu behandeln /22/. Treten häufig Fälle von Materialengpässen auf, so ist dies in der mittel- und langfristigen Produktionsprogrammplanung in Form einer Planungstotzeit für den kurzfristigen Bereich, in dem Zugangsbeschränkungen aufgrund von Beständen, Fertigungs- und Beschaffungsaufträgen wirksam sind, zu berücksichtigen. Zugangsbeschränkungen durch nachgeschaltete Fertigungsbereiche sind somit für die beschriebene Problemstellung nicht relevant. Das zu lösende Problem kann daher vollständig als e i n s t u f i g e s P l a n u n g s p r o b l e m o h n e Z u g a n g s b e - s c h r ä n k u n g[4] formuliert werden.

---

1) Nach /4/ gliedern sich die produktiven Faktoren in menschliche Arbeitsleistung, Betriebsmittel und Werkstoffe. Diese werden Elementarfaktoren genannt.

2) Unter dem Primärbedarf wird in der Regel der durch das Produktionsprogramm festgelegte Bedarf an Enderzeugnissen verstanden (vgl. /65/). Der Primärbedarf auf Baugruppen- und Teileebene enthält zusätzlich die Bedarfe an Entwicklungsaufträgen sowie Ersatzteilbedarfe.

3) Die Zusammenhänge zwischen der Montage und den materialfluß- mäßig vorgeschalteten Bereichen lassen sich auch durch das Schlagwort "Montage steuert die Produktion" beschreiben. Vergl. hierzu /42/ und /66/.

4) Das einstufige Planungsproblem ohne Zugangsbeschränkungen ist im Bereich der Materialwirtschaft bekannt unter dem Begriff "Capacitated Lot Sizing Problem (CLSP)".

3. Stand der Technik

Gegenstand der Untersuchung des Stands der Technik sind Verfahren
und Methoden zur Umsetzung des Absatzprogramms in ein Produktionsprogramm[1], d.h. der vom Verkauf z.B. durch Schätzung oder mit
Hilfe von Prognoseverfahren gewonnenen langfristigen Bedarfsvorgaben in ein Produktionsprogramm. Um die Eignung bestehender Verfahren prüfen zu können, sind diese auf die für die beschriebene
Problemstellung entwickelten Anforderungen hin zu untersuchen. An
erster Stelle sind die Randbedingungen (Prämissen) zu untersuchen,
unter denen diese Verfahren sinnvoll angewendet werden können und
inwieweit diese Prämissen denen der gestellten Aufgabe entsprechen. Verfahren, die die erforderlichen Randbedingungen weitgehend
erfüllen, sind dann auf ihre Verfahrensaspekte zu untersuchen.
D.h. zum einen ist zu untersuchen, inwieweit die hinter dem Verfahren hinterlegten Zielgrößen den geforderten (Ziel-)Kostengrößen
entsprechen und zum anderen ist zu analysieren, ob Auftragsbildung, Kapazitätsabgleich und das Zusammenspiel zwischen diesen
Funktionen den ermittelten Anforderungen entsprechen. Da prinzipiell kein Unterschied zwischen Verfahren der Fertigungsprogramm-
planung und der Montageprogrammplanung besteht, sind alle Verfahren der bedarfsorientierten Auftragsbildung, die in der Literatur
behandelt wurden, zu untersuchen. Um jedoch alle bestehenden
Verfahren vollständig erfassen und behandeln zu können, ist eine
Klassifizierung der Verfahren notwendig. Dazu wird auf die in der
Literatur (vgl. /22/, /60/, /67/ und /68/) vorgeschlagene Unterteilung der Verfahren in Sukzessivplanungsverfahren und Simultan-

---

1) Nicht Gegenstand der Untersuchung sind Verfahren zur Erstellung
von Absatzplänen. Im Absatzplan werden vor allem unternehmens-
externe Gegebenheiten und Entwicklungen berücksichtigt (Nachfrage,
Konkurrenz, gesamtwirtschaftliche Daten). Hier wird in der Regel
aufgrund von Vergangenheitswerten mit Hilfe von Prognosetechniken
und statistischen Verfahren, wie z.B. Trendextrapolation, Regres-
sionsrechnung oder exponentielle Glättung die wahrscheinliche
Entwicklung für die nächsten Perioden ermittelt. Auch zur Anwendung kommen in diesem Bereich Schätzverfahren. Ausgangsmaterial
liefern die Umsatz- bzw. Verkaufsstatistiken des Unternehmens.
Eine Trennung der Planung in die Absatzplanung und Produktionsprogrammplanung hat vor allem den Sinn, Einflüsse des Marktes von
denen der Fertigung unterscheiden zu können. Für eine längerfris-
tige Unternehmens- und insbesondere Investitionsplanung muß z.B.
deutlich ersichtlich sein, ob sich Verkaufszahlen aus Mangel an
(externem) Bedarf oder aus Mangel an (interner) Kapazität so
eingestellt haben.

planungsverfahren zurückgegriffen[1]). Diese Unterteilung erscheint
auch für diese Arbeit von Nutzen, da das Zusammenspiel von Auftragsbildung und Kapazitätsabgleich, welches die Begriffe Sukzessivplanung und Simultanplanung beschreiben, ein wichtiges Beur-
teilungskriterium für eben diese Verfahren darstellt.

3.1 Sukzessivplanungsverfahren

Sukzessivplanungsverfahren werden in konventionellen Produktions-
planungs- und -steuerungssystemen[2]) verwendet, welche auf der
Trennung von Materialwirtschaft und Zeitwirtschaft /26/, /49/ und
damit der (verfahrens-)ablaufmäßigen Trennung von Auftragsbildung
und Kapazitätsabgleich beruhen. Bei der Auftragsbildung wird die
Auftragslosgröße und der Auftragstermin festgelegt /26/.

3.1.1 Diskussion der Randbedingungen bei
Sukzessivplanungsverfahren

In der Literatur werden statische und dynamische Modelle[3]) zur
Berechnung der Losgröße unterschieden /48/, /72/. Das am weitesten
verbreitete Verfahren, basierend auf einem statischen Modell ist
das Verfahren nach Andler /74/, das im angelsächsischen Raum auch
unter dem Begriff Wilson-Verfahren /75/ bekannt ist. Das Ergebnis

---

1) Sukzessivplanungsverfahren führen zunächst für alle Produkte
unabhängig vom Kapazitätsangebot eine Auftragsbildung durch und
danach wird versucht, die erzeugten Aufträge in das Kapazitäts-
angebotsprofil "einzurütteln". Simultanplanungsverfahren
berücksichtigen bereits bei der Auftragsbildung das vorhandene
Kapazitätsangebot, so daß ein nachfolgender Kapazitätsabgleich
entfällt (vgl. hierzu /22/, /26/, /42/).

2) Die Planungslogik konventioneller PPS-Systeme wird in der
angelsächsischen Literatur als Material Requirement Planning (MRP)
/70/ bezeichnet. Eine weitergehende Diskussion konventioneller
PPS-Systeme kann /26/, /59/, /60/, /67/, /68/ und /69/ entnommen
werden.

3) Die Begriffe statisch und dynamisch beziehen sich auf die der
Auftragsbildung zugrundeliegende Nachfragesituation. Als dynamisch
werden Auftragsbildungsverfahren bezeichnet, die auf einem
zeitlich varianten Bedarfsverlauf basieren, als statisch werden
Auftragsbildungsverfahren bezeichnet, die einen konstanten
Bedarfsverlauf zugrundelegen /48/, /73/.

dieser analytischen Berechnungsmethode wird als optimale Losgröße
oder in der angelsächsischen Literatur auch als Economic Order
Quantity oder Wilson-EOQ /76/ bezeichnet. Der bei diesem Verfahren
vorausgesetzte, konstante Bedarfsverlauf entspricht nur in
Ausnahmefällen der Realität. In der Regel gibt es Saisonalitäten,
kurzfristige Bedarfsschwankungen etc., die insbesondere
Auswirkungen auf die Endmontage haben. Auch wird der Vertrieb die
Verkaufsplanzahlen grundsätzlich auf Zeitpunkte bezogen liefern.

Dynamische Modelle[1], wie sie in /48/, /72/, /73/, /79/ ebenfalls
besprochen werden, berücksichtigen diskrete, periodenweise Bedarfsverläufe, wie sie für die Endmontage zutreffen und scheinen
dadurch besser geeignet als statische Verfahren. Jedoch gilt für
alle Verfahren, die eine Auftragsbildung ohne Kapazitätsbetrachung
vornehmen, daß der Planbestand (geplante Zugänge abzüglich der
geplanten Abflüsse) durch Einflüsse von seiten der Montagekapazität erheblich beeinflußt wird und daher nicht vereinfacht berechnet werden darf. Außerdem werden Kosten, die sich durch in der
Praxis durchaus vorkommende Produktionsrückstände ergeben (Opportunitätskosten), in diesem Ansatz nicht berücksichtigt. Sie können
auch nicht berücksichtigt werden, da sich eventuell auftretende
Produktionsrückstände nur aus einer Kapazitätsbetrachtung ableiten lassen.

---

1) In der Literatur werden eine Vielzahl von dynamischen Verfahren
der Auftrags- und Losgrößenbildung behandelt. Die wichtigsten
sind:
    - Periodenlos-Verfahren (Periodic Order Quantity) /59/,
    - Wagner/Whitin /80/,
    - Kostenausgleichsmethode /48/, /78/,
    - Stück-Periodenverfahren (Part-Period-Verfahren) /77/,
    - Silver-Meal-Verfahren /81/, /82/ und
    - das Verfahren von Groff /83/.

3.1.2 Diskussion von Verfahrensaspekten bei Sukzessivplanungs- verfahren

Bei der Betrachtung der Optimierungsverfahren selbst können drei
Punkte festgestellt werden, die grundsätzlich gegen eine Anwendung
bei der beschriebenen Problemstellung sprechen:

I. Alle diese Verfahren gehen von fiktiven (erzeugnisbezogenen)
Auflegekosten[1] für ein Auftragslos aus. Bei losweiser Montage
können fixe erzeugnisbezogene Auflegekosten[2] jedoch nicht vorausgesetzt werden. Die Loswechselkosten als wesentlicher Anteil der
Auflegekosten entstehen nur dann, wenn Personal umgesetzt werden
muß oder der Rüstzustand des Arbeitsplatzes sich ändert. Der
Rüstzustand kann jedoch für eine ganze Erzeugnisgruppe gelten
(z.B. bei reinen Designunterschieden), so daß Auflegekosten bei
Erzeugniswechsel innerhalb der Erzeugnisgruppe gar nicht entstehen. Da innerhalb einer Erzeugnisgruppe keine Loswechselkosten
entstehen, können durch veränderte Losmengen keine Rüstkosten
eingespart werden. Insofern ist der Einsatz erzeugnisbezogener
Losgrößenmodelle in der Montage   n i c h t   sinnvoll.

II. Die Auftragsbildungsverfahren bei sukzessiver Planung versuchen Bestands- und Auflegekosten zu minimieren. Opportunitätskosten sind an das Vorhandensein knapper Mittel gebunden. Zum
Zeitpunkt der Auftragsbildung bei sukzessivem Vorgehen sind
Kapazitätsengpässe jedoch noch nicht sichtbar. Daher können
Opportunitätskosten, die ja an das Vorhandensein knapper Mittel
gebunden sind, in diesem Verfahrensschritt noch gar nicht ermittelt werden. Damit werden aber alle Auftragslose unter - bei

---

1) Die Auflegekosten enthalten als wesentlichen Anteil die
Rüstkosten der Auflegung (Andler). Die Rüstkosten können weiter
unterteilt werden in Loswechselkosten und (fixe) Maschinenrüst-
kosten. Die Auflegekosten können nach REFA /18/ jedoch zusätzlich
auch alle Gemeinkosten (Auftragsbearbeitungskosten), die bei der
Erstellung der dispositiven Arbeitsleistung entstehen und auf die
Anzahl der insgesamt erstellten Auftragslose verteilt werden,
enthalten.

2) Shtub /59/ kommt bei seiner Untersuchung der MRP-Algorithmen im
Hinblick auf die Group Technology zu demselben Ergebnis. So stellt
er fest, daß die von ihm untersuchten MRP-Algorithmen ohne Anpassung nicht auf Erzeugnisgruppen angewendet werden können.

Kapazitätsengpässen - unvollständigen Zielfunktionswerten ermittelt.

III. Die **Kapazitätsabstimmung** (oder Zeitwirtschaft) ist der Auftragsbildung vom Verfahrensablauf nachgelagert. Um nun für den Kapazitätsabgleich genügend (zeitlichen) Spielraum zum Ausgleich von Engpässen zu haben, muß mit großzügigen Vorlaufzeiten zwischen Bedarfstermin und Auftragstermin gearbeitet werden. Dies führt zusätzlich zu erhöhten, kostenverursachenden Beständen[1].

Anforderungsprofil	Periodenlos-Verfahren /55/	Andler/Wilson /70/,/71/	Wagner/Whitin /76/	Stück-Periodenausgleich /73/	Kostenausgleich /74/	Period-Batch-Control /77/,/78/	Groff /79/	
Endlicher Planungshorizont	X	O	X	X	X	X	X	Planungsprämissen
Diskrete, zeitvariable Bedarfsverläufe	X	O	X	X	X	X	X	Planungsprämissen
Fehlmengen dürfen auftreten	O	O	O	O	O	O	O	Planungsprämissen
Flexible Personalkapazität	-	-	-	-	-	-	-	Planungsprämissen
Direkte Kostenbetrachtung	X	X	X	X	X	X	X	Verfahrensaspekte
Opportune Kosten	-	-	-	-	-	-	-	Verfahrensaspekte
Erzeugnisgruppenbezogene Rüstkosten	O	O	O	O	O	O	O	Verfahrensaspekte

O = wird nicht erfüllt X = wird erfüllt - = kann ohne simultane Kapazitätsbetrachtung nicht erfüllt werden

▓ = stat. Verfahren

Tabelle 2 Gegenüberstellung der Anforderungen und der Leistungsumfänge von Sukzessivplanungsverfahren.

---

1) Dieser Nachweis wurde in verschiedenen Arbeiten von Kühnle /26/, Greiner /62/, Dangelmaier u.a. /69/ dargelegt.

3.2 Simultanplanungsverfahren

In neueren Entwicklungen von Auftragsbildungsverfahren wird - zum
Teil allerdings unter dem Aspekt der mehrstufigen Synchronisation
von Montage- und Fertigungsaufträgen /26/ - die Kapazitätsabstimmung in die Auftragsbildung integriert. Diese Verfahren scheinen
für die beschriebene Problemstellung besser geeignet als Verfahren
ohne Kapazitätsbetrachtung und werden daher auf ihre Eignung
untersucht.

3.2.1 Diskussion der Randbedingungen bei Simultanplanungsverfahren

Die ersten Verfahren zur simultanen Planung von Aufträgen und Kapazitäten wurden in den siebziger Jahren von Eisenhut /76/ entwik-
kelt. Es folgten weitere Verfahren, wie die von Haessler, Hogue
/84/, Karni und Roll /85/, Lamprecht und Van der Ecken /86/,
Oßwald /87/, Atkins und Iyogun /88/, Trigeiros, Thomas und McClain
/89/, Greiner /62/ und Shtub /59/. Bei diesen Verfahren wurde von
vornherein auf einige "unrealistische" Planungsprämissen, wie z.B.
konstanter Bedarfsverlauf oder unendliche Produktionsgeschwindig-
keit verzichtet. Bei allen beschriebenen Verfahren der Simultanplanung ist das Kapazitätsangebot (pro Periode und Arbeitsplatz)
vor Beginn der Planungsrechnung festzulegen. Eine Anpassung der
Kapazitäten auf den Bedarf erfolgt bei keinem der bekannten Verfahren. Eine feste Vorgabe der Kapazitäten kann dort sinnvoll
sein, wo aufgrund hoher Investitionskosten die beschränkende
Kapazität die Maschinenkapazität ist und die Personalplanung auf
den von der Arbeitsvorbereitung vorgegebenen Maschinenbetriebsstunden und den damit verbundenen Qualifizierungsmerkmalen auf-
baut, mit der Zielstellung, die Maschinenbetriebsstunden einzu-
halten. Insofern wird ein Kapazitätsabgleich zwischen wechselnden
Engpässen und weniger belasteten Fertigungseinrichtungen Aufgabe
der o p e r a t i v e n[1] Steuerung. Die Gesamtzielstellung
(minimale Kosten) kann jedoch der (internen) Zielsetzung der
operativen Steuerung (hohe Auslastung) teilweise widersprechen, so

---

1) Unter der operativen Steuerung werden die von der Leitstands-
besatzung, den Meistern oder den Vorarbeitern durchgeführten
Steuerungstätigkeiten verstanden.

daß die Zielorientiertheit (bezüglich der Gesamtzielsetzung des
Unternehmens) des Kapazitätsabgleichs nicht gewährleistet werden
kann. Da der über den Montagebereich insgesamt betrachtete Kapazitätsengpaß jedoch in der Regel beim Personal und nicht bei der
Maschinen-/Arbeitsplatzkapazität (Reservearbeitsplätze sind vorhanden) liegt, muß die Personalkapazität mit berücksichtigt und
die Personalverteilung bedarfs- bzw. kostenabhängig g e p l a n t
werden.

3.2.2 Diskussion von Verfahrensaspekten bei Simultanplanungsver-
fahren

Obwohl die Simultanplanungsverfahren den von der Montage geforderten Randbedingungen wesentlich besser gerecht werden als Sukzessivplanungsverfahren können auch diese wesentliche Forderungen
der Kostenoptimierung nicht erfüllen:

I. Auch bei den bekannten Simultanplanungsverfahren wird davon
ausgegangen, daß sich Rüstkosten als entweder einzelauftragsbezo-
gen oder aufgrund einer Reihenfolgebetrachtung der eingeplanten
Aufträge ausweisen lassen. Wie gezeigt wurde, treten Rüstkosten
jedoch nur dann auf, wenn entweder ein Arbeitsplatz umgerüstet
werden muß - was nur bei Wechsel der Produktgruppe auftritt - oder
Personal umgesetzt wird - was nicht auf bestimmte Artikel oder
Artikelreihenfolgen bezogen werden kann. Shtub hat dies bei seiner
Untersuchung der MRP-Algorithmen bei Group Technology ebenfalls
erkannt und ein entsprechendes Auftragsbildungsverfahren entwik-
kelt /59/. Jedoch genügt sein Verfahren nicht den Forderungen nach
Berücksichtigung opportuner Kosten und flexibler Personalkapazität.

II. Die Auftragsbildungsverfahren mit simultanem Kapazitätsabgleich können weiter unterteilt werden nach Verfahren mit direkter
und solche mit indirekter Kostenbetrachtung. Verfahren mit indirekter Kostenbetrachtung, wie z.B. von Greiner in /62/ beschrieben, bilden Fertigungskosten nicht direkt (z.B. als Zielfunktion
einer Optimalrechnung) ab, sondern definieren als Zielstellung zum
Beispiel die Minimierung der Bestände. Diese Zielstellung ist
jedoch in der Montage zur Erreichung eines Gesamtkostenoptimums

nicht ausreichend[1]. Auch wenn durch die Forderung nach einem
ausgewogenen Verhältnis zwischen Rüst- und Kapitalbindungskosten
zunächst eine "geeignete" bzw. anzustrebende Losgröße bestimmt
wird, hat dies keinen Einfluß auf die Rüstkosten, da diese unabhängig von der einzelproduktbezogenen Losgröße nur bei Wechsel der
Erzeugnisgruppe entstehen. Daher werden diese Auftragsbildungsverfahren kein k o s t e n o p t i m a l e s Produktionsprogramm erzielen können und sind für die Problemstellung der Programmplanung bei losweiser Montage nicht geeignet.

III. Die meisten bekannten Auftragsbildungsverfahren mit direkter
Kostenbetrachtung (/59/, /76/, /84/, /85/, /86/, /88/, /89/, /90/)
schließen Opportunitätskosten nicht in die Betrachtung ein. Dies
führt, vor allem bei hochausgelasteten Montagen zu Planungsergeb-
nissen, die der Forderung nach Kostenoptimalität nicht gerecht
werden können, da dort die entstehenden Bestandskosten nur einen
Bruchteil der entstehenden Opportunitätskosten ausmachen und somit
Planungsentscheidungen aufgrund - größenordnungsmäßig - unterge-
ordneter Kriterien erfolgen müssen. Oßwald /87/ (vgl. /49/)
schließt in seine Zielfunktion Opportunitätskosten - genannt
Verzugskosten - mit ein. Damit stellt dieses Auftragsbildungsverfahren eine wesentliche Verbesserung bezüglich der beschriebenen
Problemstellung dar. Oßwalds Verfahren basiert jedoch auf einer
gemischtganzzahligen Programmierung und wurde bisher nur für
unrealistische Größenordnungen (3 Artikel) realisiert. Tabelle 4
zeigt zusammenfassend eine Gegenüberstellung des Leistungsumfangs
bestehender Verfahren und der Anforderungen durch losweise Montage.

---

1) Das Verfahren von Greiner /62/ läßt z.B. nicht benötigte
Kapazitäten frei. Dies ist jedoch für die Personalkapazität der
Montage nicht möglich. Eine Beispielrechnung zeigt, daß es
kostengünstiger sein kann, ein Los ein halbes Jahr auf Lager zu
legen, als die Kapazität verfallen zu lassen. In einer Serien-
fertigung wird es immer Erzeugnisse geben, deren voraussichtliche
Lebenszeit größer als ein halbes Jahr ist und die so ohne
Verschrottungsrisiko auf Lager gelegt werden können.

Anforderungsprofil	Eisenhut /72/	Haessler / Hogue /80/	Karni / Roll /81/	Lamprecht / Vander Ecken /82/	Atkins / Iyogun /84/	Trigeiros / Thomas / Mc Clain /85/	Greiner /58/	Oßwald /83/	Shtub /55/	
Endlicher Planungshorizont	O	X	X	X	X	X	X	X	X	Planungspramissen
Diskrete, zeitvariable Bedarfsverlaufe	X	X	X	X	X	X	X	X	X	
Fehlmengen durfen auftreten	O	O	O	O	O	O	X	X	O	
Flexible Personalkapazitat	O	O	O	O	O	O	O	O	O	
Direkte Kostenbetrachtung	X	X	X	X	X	X	O	X	X	Verfahrensaspekte
Opportune Kosten	O	O	O	O	O	O	O	X	O	
Erzeugnisgruppenbezogene Rustkosten	O	O	O	O	O	O	O	O	X	

X = wird erfullt   O = wird nicht erfullt

Tabelle 3   Gegenüberstellung der Anforderungen der Problemstellung und der Leistungsumfänge von Simultanplanungsverfahren.

Zusammenfassend kann festgehalten werden, daß die existierenden Verfahren sowohl der Sukzessivplanung als auch der Simultanplanung wesentlichen Forderungen der Produktionsprogrammplanung bei losweiser Montage n i c h t   g e n ü g e n . Daher ist ein, auf die losweise Montage zugeschnittenes Verfahren der Produktionsprogrammplanung zu entwickeln, welches die dargestellten Anforderungen erfüllt.

4 Zielsetzung und Methodik

Für die Produktionsprogrammplanung bei losweiser Montage soll ein
Verfahren entwickelt werden, das die Auftragsbildung und Kapazitätsplanung simultan und unter der Zielsetzung minimaler entscheidungsrelevanter Kosten durchführt. Die entstehenden Kosten sind
u.a. abhängig vom Produktionsprogramm und der Personalverteilung.
Die Übertragung und Anpassung von Verfahren wie sie bisher in der
Produktionsplanung eingesetzt werden, verspricht keinen Erfolg, da
die Verfahrensaspekte der Kapazitätsabstimmung und der Kostenbetrachtung den grundlegenden Anforderungen der Produktionsprogrammplanung bei losweiser Montage nicht genügen. Daher ist ein
völlig neues Planungsverfahren zu entwickeln, das diesen Anforderungen genügt. Die diesem Verfahren zugrundeliegende Problemstellung kann als Optimierungsproblem beschrieben werden, das mit
Hilfe einer O p t i m a l p l a n u n g [1] zu lösen ist. Die
mathematische Modellierung des Problems /91/ muß sich bereits an
der angestrebten Lösung des Formalproblems, d.h. dem mathemati-
schen Verfahren, das angewendet werden soll, orientieren[2]. Da es
sich um ein Optimierungsproblem handelt, für das Optimalplanungsverfahren in Frage kommen können und diese wiederum auf Glei-
chungs- oder Ungleichungssystemen basieren, soll die formale
Modellbeschreibung[3] der Produktionsprogrammplanung in Form von
Gleichungen erfolgen.

---

1) Nach /91/ dient die Optimalplanung der Vorbereitung von
optimalen, d.h. von b e s t e n Entscheidungen. Der Begriff
optimal gibt nur einen allgemeinen Hinweis auf die Entscheidungs-
situation und auf die Existenz eines Ziels. Es bedarf auf jeden
Fall einer genaueren Definition des Optimierungsziels. Außerdem
bezieht sich der Optimalitätsbegriff immer nur auf die Größen,
deren Werte so zu wählen sind, daß das definierte Ziel einen ex-
tremen Wert annimmt. In unserem Fall ist das Ziel die Minimierung
von Kosten und die zu wählenden Größen sind Losgrößen und Termine
des Produktionsprogramms.

2) Diese Vorgehensweise hat den Vorteil, daß man mit ziemlicher
Sicherheit ein l ö s b a r e s Formalproblem definiert, jedoch
besteht die Gefahr, daß man das Realproblem zu ungenau abbildet
/91/. Wie jedoch im weiteren Verlauf der Arbeit nachgewiesen wird,
lassen sich die Realprobleme sehr genau in Form linearer Gleichungen abbilden, ohne daß grobe Vereinfachungen der Sachlage vorgenommen werden müssen.

3) Die Anwendung mathematischer Methoden setzt nach Müller-Merbach
/91/ voraus, daß das zu lösende Problem (Realproblem) in ein
mathematisches Problem (Formalproblem) übertragen wird. Ein Modell

Wie aus der Definition der Optimalplanung hervorgeht, ist dazu zunächst ein O p t i m i e r u n g s z i e l zu definieren. Um der Zielsetzung minimaler K o s t e n gerecht zu werden, muß das Optimierungsziel in Form einer diese Zielsetzung repräsentierenden K o s t e n f u n k t i o n[1] formuliert werden. Zu diesem Zweck werden die wichtigsten Einflußgrößen auf das Produktionsprogramm und die Personalverteilung untersucht und daraus wird die Z i e l f u n k t i o n[2] des Optimierungsproblem formuliert. Um dem Aspekt der Kapazitätsabstimmung des Produktionsprogrammplanungsverfahrens gerecht zu werden, ist für die losweise Montage ein n e u e s M o d e l l [3] der Montagekapazität zu entwerfen, das die Anforderung nach der Abbildung der Personalkapazität und ihrer Planbarkeit erfüllt. Aus der Modellierung der Produktionskapazitäten sowie der vertiefenden Untersuchung der Planbestandsrechnung ergeben sich die P l a n u n g s - r e s t r i k t i o n e n für die Optimalplanung. Damit kann das Problem der Produktionsprogrammplanung formal vollständig beschrieben werden.

Das Optimierungsproblem in der vorliegenden Form ist jedoch, wie nachgewiesen wird, von keinem der bekannten exakten Verfahren der Optimalplanung mehr sinnvoll lösbar. Daher wird für das beschrie-

---

stellt dabei nur die problemrelevanten Eigenschaften des Realsystems dar (vgl. auch /92/).

1) Eine variable Größe y wird Funktion der veränderlichen Größen x_1, x_2, x_3, ..., x_n (Argumente) genannt, wenn bei gegebenen Werten dieser veränderlichen Größen y einen (eindeutige Funktionen) oder mehrere (mehrdeutige Funktionen) bestimmte Werte annimmt /93/. Man spricht von einer Kostenfunktion, wenn y einen Kostenbetrag darstellt. In unserem Fall sind die veränderlichen Größen der Funktion die Mengen und Termine der Montageaufträge, sowie die Personalverteilung je Zeitabschnitt.

2) Wird das Maximum (oder Minimum) einer Funktion $y = f(x_1,...,x_n)$ gesucht, wobei m Restriktionen $g_i(x_1,x_2,..,x_n)$, mit $i=1,2,..,m$ gelten sollen, so wird die Funktion y gewöhnlich Zielfunktion genannt /91/ (Vergl. auch /94/).

3) Das Kapazitätsmodell umfaßt den zeitlichen Kapazitätsbestand an Menschen und Betriebsmitteln (vergl. /18/) sowie die Kombination der Kapazitäten von Menschen und Betriebsmitteln.

bene Optimierungsproblem eine H e u r i s t i k[1] entwickelt,
die in Form eines P r o g r a m m s auf einer Datenverarbei-
tungsanlage realisiert wird. Die Untersuchung des praktischen
Einsatzes bildet den abschließenden Schritt dieser Arbeit. Anhand
des Beispiels eines Pilotanwenders soll versucht werden, den Nutzen des Systems für Unternehmen aufzuzeigen, um so eine Verifi-
zierung des Verfahrens in der Praxis zu erhalten[2]. Dabei soll
außerdem ein kurzer Hinweis auf den operativen Einsatz des
Verfahrens und die dafür entwickelte Systemumgebung und
Benutzeroberfläche gegeben werden.

---

[1] Heuristische Verfahren bestehen aus bestimmten Vorgehensregeln
zur Lösungsfindung, die hinsichtlich des angestrebten Ziels und
unter Berücksichtigung der Problemstruktur als sinnvoll,
zweckmäßig und erfolgversprechend erscheinen aber nicht immer die
optimale Lösung ergeben /91/. Heuristische Verfahren werden dann
angewandt, wenn die Problemstellung exakten Verfahren (z.B.
Simplexverfahren) nicht zugänglich ist oder der zur exakten Lösung
des Problems erforderliche Rechenaufwand nicht mehr vertretbar
ist.

[2] Wenn die Problemstellung selbst exakten Verfahren nicht mehr
zugänglich ist, so kann der Nachweis der Güte und Praktikabilität
eines heuristischen Verfahrens nicht mehr durch eine geschlossene
mathematische Beweisführung erfolgen, sondern nur durch den praktischen Einsatz. Ein Verfahren ist also erst dann "fertig", wenn
Erfahrungen bzgl. der Güte der Lösungen und der erforderlichen
Rechenzeit vorliegen /91/.

5. Modell des Planungssystems

Die Modellierung des Optimalplanungssystems erfordert die Umsetzung aller problemrelevanten Eigenschaften des Realsystems in ein formales Modell des Problems. Ergebnis des Verfahrens ist die Festlegung von Montageauftragsmengen und -terminen in Form des Produktionsprogramms sowie ein Personalverteilungsplan als Funktion der Zeit. Die Darstellung von Terminen und die Abbildung zeitlich abhängiger Kapazitätsvorgaben erfordern die formale Abbildung der Zeit. Neben dieser grundsätzlichen Modellvorgabe sind zur vollständigen Beschreibung des Optimalplanungsproblems

- die Zielfunktion und
- die Restriktionen für die Produktionsprogrammplanung

in Form von Gleichungen, die das Problem quantitativ repräsentieren, zu erstellen. Ein wesentlicher Gesichtspunkt bei der Formulierung der Planungsaufgabe ist die Berücksichtigung praktischer Randbedingungen, die das Modell wesentlich vereinfachen ohne die Allgemeingültigkeit zu gefährden. Das so definierte, formale Problem ist auf seine Lösbarkeit durch exakte Verfahren zu prüfen, um Aussagen über eine mögliche Lösung zu erhalten.

5.1 Abbildung der Zeit

Die Berechnung von Planbeständen als Funktion über der Zeit erfordert eine Abbildung der Zeit, über der die Verläufe der Planbestände aufgetragen werden können. Es können zwei grundsätzlich verschiedene Modelle für die Abbildung des zeitlichen Fortschritts formuliert werden:

- Abbildung des zeitlichen Fortschritts in Form von (gleichlangen) Zeitabschnitten (Zeitabschnittsbetrachtung).

- Abbildung des zeitlichen Fortschritts in Form eines stetigen Zeitstrahls (Zeitpunktbetrachtung).

Die Auswahl des geeigneten Modells ist abhängig von der jeweiligen Problemstellung[1] und von den systembedingten Randbedingungen zu treffen. Die Vorgaben für das Programmplanungsverfahren sind vertriebsseitig die Verkaufsplanzahlen. Diese liegen in der Regel in Form von z e i t a b s c h n i t t s b e z o g e n e n Zahlen (z.B. wöchentliche oder monatliche Verkaufsplanzahlen) vor. Auch die untergeordneten Systeme der Produktionsplanung arbeiten ausschließlich auf der Basis eines Betriebskalenders, der z.B. Lieferaufträge oder Fertigungsaufträge in Zeitabschnitten gleicher Länge terminiert. Eine ereignisorientierte Betrachtungsweise des Produktionsprogramms würde daher nur eine n i c h t   n u t z - b a r e Genauigkeit darstellen. Zur Beschreibung zeitlicher Abhängigkeiten wird daher ein z e i t a b s c h n i t t s b e z o - g e n e s Zeitmodell verwendet. Dazu wird der kontinuierliche Zeitstrahl in durch äquidistante Punkte begrenzte Perioden eingeteilt. Alle Ereignisse (wie z.B. Planzu- oder Planabgänge), die innerhalb einer Periode auftreten, sind entweder dem Anfangszeitpunkt einer Periode oder dem Endzeitpunkt einer Periode zuzuordnen. Da keine Aussage darüber gemacht werden kann, zu welchem Zeitpunkt innerhalb einer Periode ein Ereignis erfolgt, ist es sinnvoll, die innerhalb einer Periode aufgetretenen Ereignisse am Ende der Periode zu buchen. Damit ist in der Planung der Bezugszeitpunkt grundsätzlich das Ende der Periode. Die Länge der zu betrachtenden Perioden ergibt sich aus den jeweiligen Praxisanforderungen[2]. Die Perioden werden ausgehend von der aktuellen Periode, in die der Isttermin fällt, durchgezählt. Die aktuelle Periode wird mit T_0 bezeichnet.

____

1) In der kurzfristigen Produktionsplanung und -steuerung (Betriebsablaufsteuerung) ist in der Regel das zugrundegelegte Zeitmodell ereignisorientiert, da auf dieser Steuerungsebene direkte Prozeßeingriffe notwendig sind, die Echtzeitcharakter haben (vgl. /47/).

2) Die Periodenlänge sollte kleiner als die in der Absatzplanung betrachtete Periodenlände sein und der der Materialwirtschaft zugrundeliegenden Periodenlänge entsprechen.

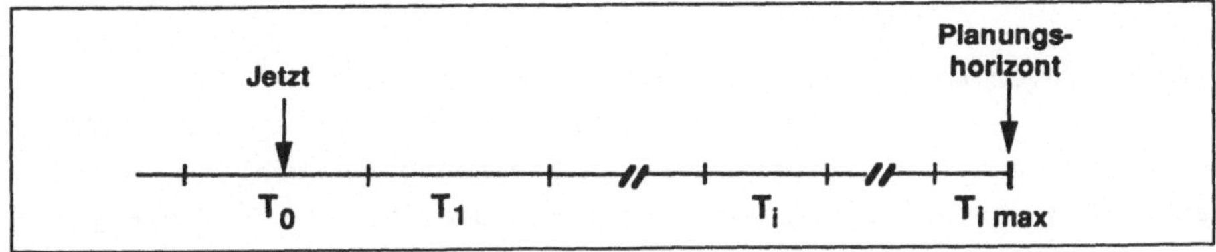

Bild 7   Darstellung des Zeitmodells

Da die Produktionsprogrammplanung nur in dem Zeitbereich sinnvoll
sein kann in dem Verkaufsplanzahlen vollständig vorliegen, kann
der zu betrachtende Zeitbereich durch einen Planungshorizont begrenzt werden. Der Planungshorizont umfaßt nur ganze Perioden, be-
ginnend mit der aktuellen. Es gilt:

$$T := \{\ T_i \ | \ 0 \leq i \leq imax\ \}$$

Dieses Modell dient im folgenden als Grundlage für die Darstellung
und Berechnung von Kapazitäts- und Bestandsverläufen.

5.2 Modell des Montagebereichs

Das Modell eines Montagebereichs bildet die für die Auftragsbildung und den Kapazitätsabgleich wesentlichen Eigenschaften der
Montage im Unternehmen ab. Die Modellelemente lassen sich unter-
gliedern in zeitinvariante und zeitvariante Elemente. Die zeitinvarianten Elemente bilden die grundsätzlichen Eigenschaften der
Montage, wie z.B. Anzahl der Arbeitsplätze, Personal, Arbeitspläne, etc. ab, die innerhalb des Planungshorizonts als unverän-
derlich betrachtet werden können. Die zeitvarianten Elemente, wie
z.B. Absatzplan, Produktionsplan, Schichtmodell etc. sind Funktionen der Zeit und deshalb im zeitlichen Zusammenhang zu
betrachten.

5.2.1 Zeitinvariante Elemente des Modells

Die zeitinvarianten Modellelemente umfassen neben den E r -
z e u g n i s s e n , die in der betrachteten Montage gefertigt
werden können, die den erreichbaren Fertigungsfortschritt begrenzenden Ressourcen der Montage, nämlich die M o n t a g e s y s -
t e m e (Montageplätze)[1] und das P e r s o n a l . Daneben
sind einige grundlegende B e z i e h u n g e n   zwischen Erzeugnissen und Ressourcen (in Form von Montagearbeitsplänen) ebenfalls Teil des zeitinvarianten Modells. Das Zusammenspiel der Ressourcen "Personal" und "Montagesysteme" sowie die Beschreibung der
Zuordnungsflexibilität von Erzeugnissen zu Montagesystemen ist
ebenfalls Teil der folgenden Modellbeschreibung.

In der Montage können die der Menge E aller Erzeugnisse zugehöri-
gen Elemente E_l gefertigt werden:

$$E := \{ E_l \mid 0 \leq l \leq lmax \}$$

Zur Montage dieser Erzeugnisse werden Montagesysteme benötigt. Der
Bereich der Montage besteht aus einer Menge M an Montagesystemen
M_j:

$$M := \{ M_j \mid 0 \leq j \leq jmax \}$$

Die Montagesysteme benötigen zur Fertigung bestimmter Erzeugnisgruppen entsprechende technische Ausrüstungen. Dieser Zustand des
Montagesystems wird, wie beschrieben, als Rüstzustand des Montage-

---

1) Der Begriff Montagesystem ist hier nicht als Einzelarbeitsplatz
zu sehen, sondern wurde als <u>zu rüstende Einheit</u> definiert. Z.B.
ist eine Fließlinie ein Montagesystem mit einem bestimmten
Rüstzustand, an dem natürlich mehrere Personen arbeiten können. Es
ist jedoch auch möglich nur mit einer Person eine Fließlinie zu
betreiben, indem diese alle Arbeiten sukzessive durchführt. Als
zusätzliche Kennzeichnung eines Montagesystems ist daher die
Anzahl Arbeitsplätze des Montagesystems (d.h. die diesem
Montagesystem maximal zuzuordnende Zahl von Mitarbeitern)
notwendig.

systems bezeichnet. Die Menge aller möglichen Rüstzustände sei mit
RZ bezeichnet:

$$RZ := \{ RZ_k \mid 0 \leq k \leq kmax \}$$

Der Montagearbeitsplan ordnet nun - im Gegensatz zu Arbeitsplänen
der Fertigung, in denen Arbeitsplätze zugeordnet werden - jedem
Erzeugnis genau einen Rüstzustand RZ_k zu, der zur Fertigung des
Erzeugnisses notwendig ist.Diese Abbildung soll mit a bezeichnet
werden und beschreibt damit die Gesamtheit der Arbeitspläne:

$$a: \quad E \times RZ \quad -> \mathbb{R}$$
$$(E_l, RZ_k) \ -> \ TE_{l,k}$$

Beim Wechsel eines Erzeugnisses auf ein anderes, das denselben
Rüstzustand des Montagesystems zugrundelegt, entstehen keine
Aufwände zur Umrüstung des Arbeitsplatz. Außerdem ähneln sich in
der Regel auch die Tätigkeiten in der Montage (z.B. bei reinen
Designunterschieden oder leicht veränderter technischer Ausrü-
stung), so daß auch keine Anlernzeit für das Personal anfällt.
Daher ist es sinnvoll, Erzeugnisse zu Erzeugnisgruppen unter dem
Gesichtspunkt des benötigten Rüstzustands zusammenzufassen. Eine
Erzeugnisgruppe G_k besteht demnach aus allen Erzeugnissen, die mit
demselben Rüstzustand gefertigt werden (Bild 8):

$$G_k := \{ E_l \mid E_l \in E \quad und \ a(E_l) = RZ_k \}$$

Zu jedem Rüstzustand ergibt sich daraus genau eine Erzeugnisgruppe, d.h. die Mengen G_k sind disjunkt und korrespondieren mit der
Menge der Rüstzustände RZ_k.

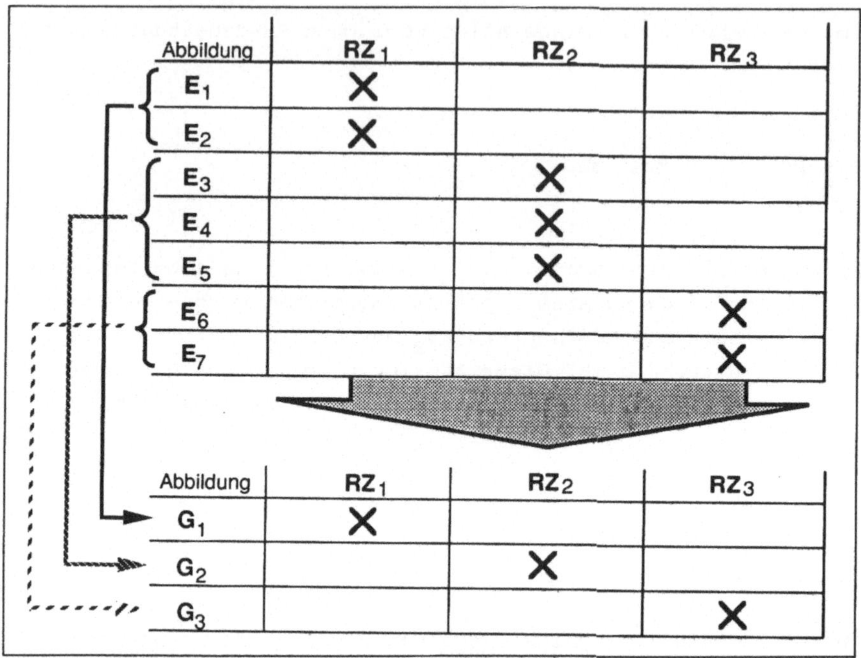

Bild 8 Verdichtung der Erzeugnisse zu Erzeugnisgruppen.

Die Montagesysteme sind in der Regel so angelegt, daß ihre technische Auslegung einen Kompromiß zwischen Produktzuordnungsflexibilität möglichst vieler unterschiedlicher Erzeugnisse (zur Verbesserung der Marktflexibilität des Unternehmens) und den erreichbaren Herstellkosten (d.h. Montageeinzelzeiten) für die dort zu fertigenden Erzeugnisse bildet. Bestehen mehrere Montagesysteme nebeneinander, so sind in der Regel bestimmte Montagesysteme auf die Produktion bestimmter Erzeugnisgruppen ausgelegt. Dadurch wird die Flexibilität bezüglich der Rüstzustände, die ein bestimmtes Montagesystem annehmen kann, eingeschränkt. Die Menge aller möglichen Rüstzustände, die ein Montagesystem j annehmen kann, ist RZ_j:

$$RZ_j := \{ RZ_{j_1}, RZ_{j_2}, RZ_{j_3}, \ldots RZ_{j_l} \}$$

Die Abbildung r ordnet jedem Montagesystem seine möglichen Rüstzustände zu:

$$r: \quad M \; \to \; \wp \; (RZ)$$
$$M_j \; \to \; RZ_k$$

In der Regel werden in den hier betrachteten Montagen Gruppen von
gleichen oder ähnlichen Montagesystemen existieren. Es kann daher
davon ausgegangen werden, daß bestimmte Montagesysteme zu Gruppen
zusammengefaßt werden können, die wiederum die gleichen Rüstzustände annehmen können. Da es, um den Organisationsaufwand zu
minimieren, sinnvoll ist, bestimmte Erzeugnisgruppen örtlich kon-
zentriert, d.h. zum Beispiel in derselben Montagehalle oder im
selben Zweigwerk zu fertigen, kann vereinfachend angenommen werden, daß ein Rüstzustand nur einer Montagesystemgruppe zugeordnet
ist.

$r: \quad M_j \longrightarrow RZ_K$

Abbildung	RZ_1	RZ_2	RZ_3	RZ_4	RZ_5	RZ_6
M_1	X	X				
M_2			X	X	X	
M_3	X	X				
M_4						X
M_5						X

$M_1 + M_3$ gehören zu einer Gruppe

$M_4 + M_5$ "

M_2 bildet eine eigene Gruppe

Bild 9   Verdichtung der Beziehung zwischen Montagesystemen und
Rüstzuständen

Diese Annahmen, die zu einer Verdichtung der Beziehung Montagesystem - Rüstzustand führen, können wie folgt zusammenfgefaßt werden:

- Die Erzeugnisse zerfallen in disjunkte Teilmengen.
- Zu jeder Teilmenge gibt es eine Anzahl Montagesysteme, die auf alle Rüstzustände dieser Teilmenge gerüstet werden können.
- Jedes Montagesystem kann immer keinen oder alle Rüstzustände einer Teilmenge annehmen.

Damit kann zu jedem Rüstzustand eine Montagesystemgruppe zugeordnet werden, nämlich $r^{-1}(RZ_k)$. Nach den Annahmen ist $r^{-1}(RZ_k)$ für alle Rüstzustände einer Gruppe gleich. Damit zerfallen die Montagesysteme in Gruppen, die die gleichen Rüstzustandsgruppen annehmen können (Bild 9).

Damit sind die möglichen Beziehungen zwischen Erzeugnissen und Montagesystemen beschrieben, so daß daraus abgeleitet werden kann, wann bei Erzeugniswechsel innerhalb eines Montagesystems Rüstaufwände entstehen und welche Montagesysteme maximal zur Produktion einer bestimmten Erzeugnisgruppe zur Verfügung stehen. Bild 10 verdeutlicht noch einmal diese Zusammenhänge.

Die zweite zu betrachtende Ressource bildet das Personal. Dieses kann - allerdings verbunden mit Umsetzkosten - auf jedem Montagesystem eingesetzt werden. Die Mitarbeiter P_m werden durch die Menge P des Personals repräsentiert:

$$P := \{ P_m \mid 0 \leq m \leq mmax \}$$

Die Berechnung der Kapazität der Montage ist also von der K o m - b i n a t i o n der Ressourcen Personal und Montagesysteme abhängig zu machen /28, 54/ und kann - im Fall der Montage - nicht auf der Betrachtung der Ressource Montagesystem (Arbeitsplatz) allein basieren.

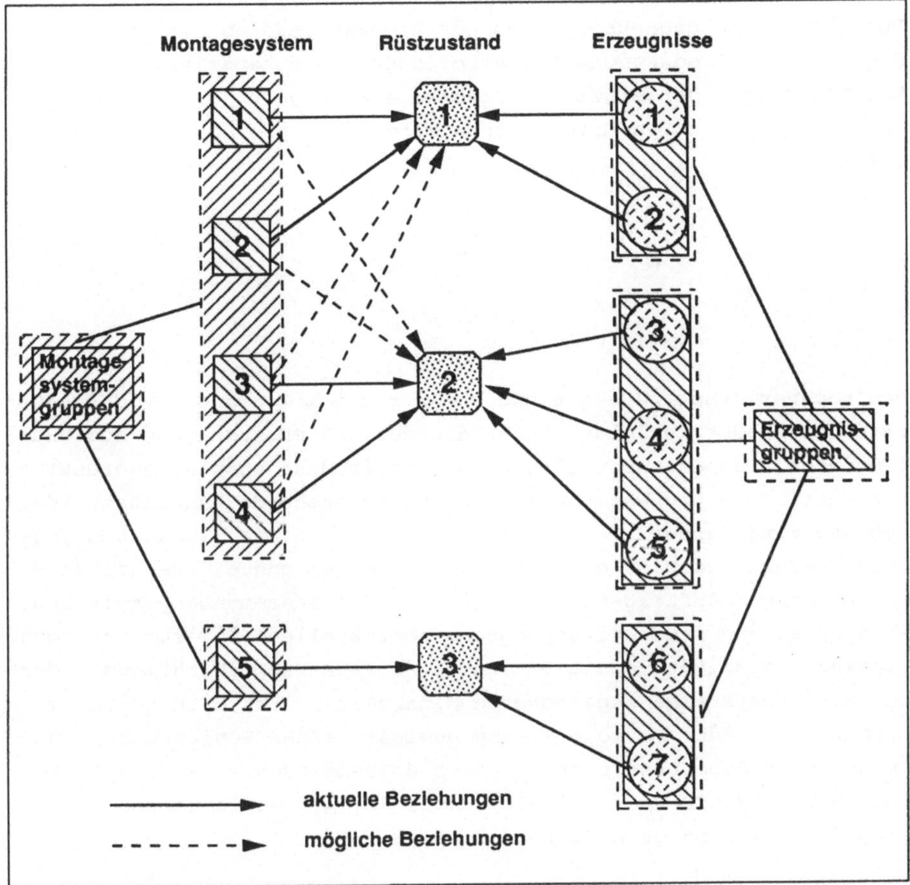

Bild 10 Beziehungen zwischen Montagesystem, Rüstzustand und Erzeugnis

5.2.2 Zeitvariante Elemente des Modells

Basis der Produktionsprogrammplanung und damit auch Schnittstelle zum Bereich Verkauf bildet der Absatzplan. Dieser legt die pro Periode benötigten Erzeugnismengen fest. Der Absatzplan wird mit ap bezeichnet:

$$ap: \quad T \times E \quad \rightarrow \quad \mathbb{N}$$
$$(T_i, E_l) \rightarrow BED_{i,l}$$

- 64 -

Dem Absatzplan gegenüber steht der Produktionsplan, welcher – als
Ergebnis der Produktionsprogrammplanung – die kapazitiv abgestimmten Planmengen der einzelnen Erzeugnisse enthält. Die pro Periode
geplanten Mengen von Erzeugnissen wird durch die Abbildung pl
beschrieben:

$$pl: \quad T \times E \quad \rightarrow \mathbb{N}$$
$$(T_i,\ E_l) \rightarrow ME_{i,l}$$

Die rechnerische G e g e n ü b e r s t e l l u n g von Absatzplan und Produktionsplan ergibt die der Kostenberechnung zugrundeliegenden Planbestandsverläufe. Da der Produktionsplan begrenzt
wird durch die pro Periode zur Verfügung stehende Kapazität, können Kapazitätsänderungen jeglicher Art dann direkt in Kosten umgesetzt werden, wenn es gelingt, über eine geeignete – kapazitätsorientierte – Auftragsbildungsfunktion den Zusammenhang zwischen
Absatzplan und Produktionsprogramm herzustellen. Die zur Verfügung
stehende Kapazität resultiert zum einen aus dem Schichtmodell der
den Montagesystemen zugeordneten Mitarbeiter. Ein Mitarbeiter m
arbeitet in jeder Periode i eine gewisse, einem Schichtmodell zu
entnehmende Arbeitszeit $ZD_{i,m}$ unter Beibehaltung eines (täglichen)
Schichtbeginns $SB_{i,m}$ und Schichtendes $SE_{i,m}$. Das Schichtmodell
kann daher wie folgt definiert werden:

$$SCH: \quad T \times P \quad \rightarrow \mathbb{R}$$
$$(T_i,\ P_m) \rightarrow \ ZD_{i,m},\ SB_{i,m},\ SE_{i,m}$$

$$ZD_{i,m},\ SB_{i,m},\ SE_{i,m} \ \in \ \mathbb{R}$$

In die Menge P der Mitarbeiter sind auch die Ferien- und Teilzeitkräfte aufzunehmen. Nichtanwesenheitszeiten oder Ferien werden im
Schichtmodell mit $ZD_{i,m} = 0$ gekennzeichnet. Jeder Mitarbeiter ist
außerdem in jeder Periode T_i einem bestimmten Montagesystem zugeordnet, was durch die Abbildung pz beschrieben wird:

$$pz: \quad T \times P \quad \rightarrow M$$
$$(T_i,\ P_m) \rightarrow \ M_j$$

Die Abbildung pz^{-1} beschreibt daher, welche Personen innerhalb einer Periode i dem Montagesystem j zugeordnet sind. Es ergeben sich jedoch Restriktionen für die Zuordenbarkeit von Personal zu einem bestimmten Montagesystem:

I. Die einem Montagesystem zuordenbare Anzahl Personen ist begrenzt durch die Anzahl entsprechend ausgerüsteter Montageplätze. Da ein Montagesystem nicht auf einen Arbeitsplatz beschränkt sein muß (Beispiel Montagelinie), ist die an einem Montagesystem maximal zur Verfügung stehende Personalkapazität begrenzt durch die Anzahl der Einzelarbeitsplätze des Montagesystems. Außerdem ist zu beachten, daß einem Arbeitsplatz nur dann mehr als eine Person zugeordnet werden können, wenn sich die Schichtmodelle in dieser Periode nicht überschneiden, d.h. der Schichtbeginn einer Person nach Schichtende seines Vorgängers auf diesem Arbeitsplatz liegt.

II. Ein Montagesystem kann oft nur dann sinnvoll betrieben werden, wenn eine gewisse minimale Anzahl an Personen gleichzeitig daran arbeitet. Dies wird durch die Vorgabe einer minimalen Schichtbesatzung eines Montagesystems beschrieben.
Welche Erzeugnisse durch ein Montagesystem in einer bestimmten Periode i gefertigt werden können, wird bestimmt durch den in dieser Periode aktuellen Rüstzustand des Montagesystems. Da Montagesysteme i.d.R. unterschiedliche Rüstzustände annehmen können, muß festgelegt sein, welchen Rüstzustand ein Montagesystem j in der Periode i annimmt. Die Abbildung rt beschreibt diesen - zeitabhängigen - Zusammenhang zwischen Rüstzustand und Montagesystem:

$$rt: \quad T \times M \quad \to \quad RZ$$
$$(T_i, M_j) \to RZ_k$$

Bild 11 faßt die Systemelemente des problemrelevanten Planungsmodells noch einmal zusammen.

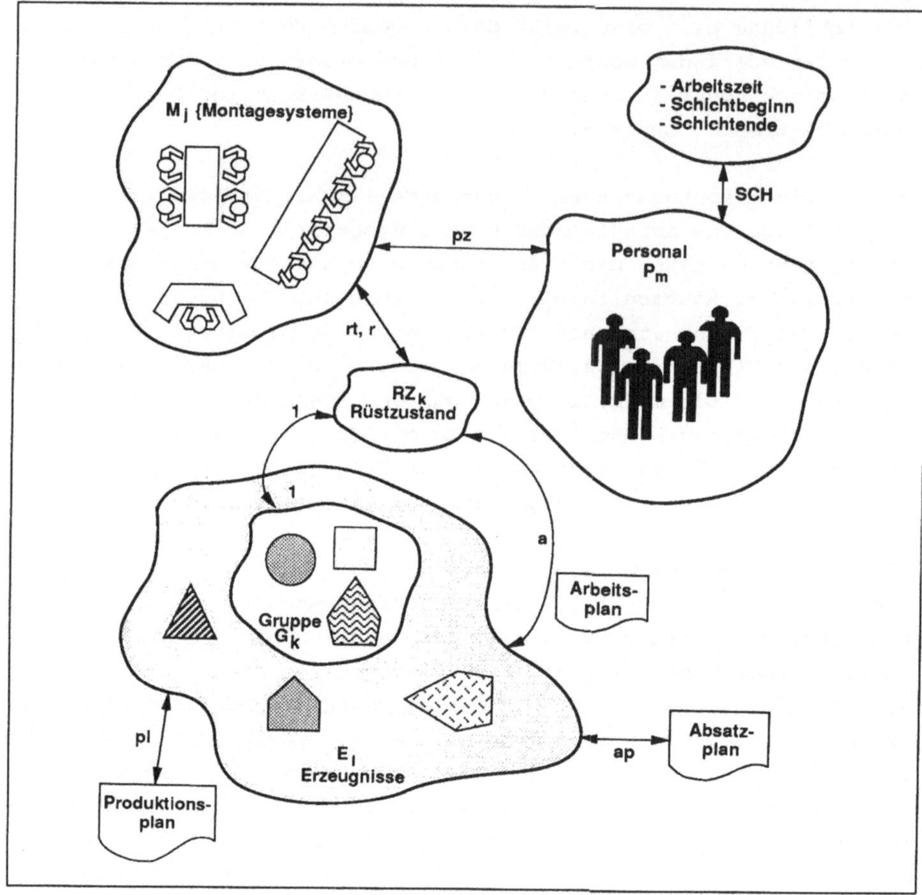

Bild 11 Elemente des Modells der Montage

5.3 Berechnung von Kapazitätsangebot und Kapazitätsbedarf

5.3.1 Berechnung des Kapazitätsangebots

Treten Montagesysteme auf, die aus mehreren Einzelarbeitsplätzen bestehen, so können Arbeitsschritte innerhalb des Montagesystems auf die vorhandenen Arbeitsplätze verteilt und parallel ausgeführt werden. Kapazität zur Montage eines bestimmten Erzeugnisses entsteht jedoch erst durch die Zuordnung von Personal zu diesem Montagesystem[1]). Für die Betrachtung der Fertigungskapazität ist es nun nicht relevant, ob alle Arbeitsplätze des Montagesystems besetzt sind oder ob die Arbeitsschritte zeitlich nacheinander abgearbeitet werden. Damit entfällt eine Betrachtung der Einzelarbeitsschritte innerhalb von - als ganzes zu rüstenden - Montagesystemen. Für die Kapazitätsabstimmung ist ein Montagesystem immer als Gesamtheit zu sehen und mit Personal zu versehen. Eine mehrstufige Betrachtung der Auftragsbildung und Kapazitätsabstimmung bei losweiser Montage ist daher für die Produktionsprogrammplanung nicht notwendig und wird daher in dieser Arbeit nicht weiter verfolgt. Da alle Produkte einer Erzeugnisgruppe denselben Rüstzustand zur Montage benötigen und innerhalb einer Erzeugnisgruppe keine Rüstaufwände auftreten, wird die Kapazität als die Zeit definiert, die für die Montage einer bestimmten Erzeugnisgruppe innerhalb eines bestimmten Zeitabschnitts zur Verfügung steht (vgl. /60/). Dem Kapazitätsangebot gegenüber steht der Zeitbedarf, der sich aus den Einzelzeiten der zu montierenden Produkte (summiert über alle Arbeitsfolgen des Montagesystems) und der Anzahl der zu montierenden Produkte ergibt.

Da Personal in verschiedenen Montagesystemen arbeiten kann[1]), ist es möglich, auf Bedarfserhöhungen durch zeitlich begrenzte Erhöhung der Kapazität für bestimmte Erzeugnisse oder Erzeugnisgruppen zuungunsten anderer Erzeugnisse zu reagieren. Für (besetzte) Ar-

---

1) Nach Vähning /55/ hängt die personelle Kapazität zum einen von der Anzahl der im Montagesystem anwesenden Mitarbeiter zum anderen von deren Qualifikation ab.

1) Die Voraussetzungen für die einfache Umsetzung von Personal können als gegeben angesehen werden, da es sich bei der losweisen Montage von Serienprodukten in der Regel um einfache Anlerntätigkeiten handelt. Die Effektivität der Ausnutzung dieser Personaleinsatzflexibilität kann jedoch durch begleitende betriebliche Maßnahmen gesteigert werden /36/,/37/, /33/, wodurch unter anderem die Kosten für eine Personalumsetzung erheblich gesenkt werden können.
Vähning /32/ nennt als Komponenten personeller Flexibilität des direkt produktiven Personals unter anderem:
  - Qualifikation für mehrere Arbeitsplätze
  - Qualifikation für mehrere Produkte, Typen, Varianten
  - Qualifikation für die Tätigkeiten als Springer, Umrüster und zur Störungsbeseitigung
  - Bereitschaft zu Überstunden und Sonderschichten
  - Motivation zur Ausnutzung und Erweiterung des Tätigkeits- und Handlungsspielraums
  - Motivation für Höherqualifizierung und Personalentwicklung.

beitsplätze wird die Kapazität i.d.R. mit der Ausbringung (=Lei-
stung) gleichgesetzt. Die Größe ist z.B. Stück pro Stunde. Nun hat
diese Definition in der Montage (unter Ausschluß fester Taktzei-
ten) den Nachteil, daß die Ausbringung eines Montageplatzes von
der Einzelzeit des zu montierenden Objekts abhängt. Die Angabe der
Kapazität als Leistungswert ist also   n i c h t   eindeutig. Eindeutig definiert werden kann jedoch die   Z e i t d a u e r , die
für die Montage einer bestimmten Erzeugnisgruppe (innerhalb derer
keine Umrüstzeit auftritt) innerhalb eines bestimmten Zeitabschnitts zur Verfügung steht. Das Kapazitätsangebot eines Rüstzustands $KAP(T_i,RZ_k)$ ist also die Zeit, die für die Montage einer
bestimmten Erzeugnisgruppe innerhalb eines bestimmten Zeitabschnitts zur Verfügung steht, vgl. /60/. Das Kapazitätsangebot
des Rüstzustands wiederum ergibt sich als Summe der Kapazitätsan-
gebote der dem Rüstzustand zugeordneten Montagesysteme. Die Personalkapazität eines Montageplatz M_j einer Periode T_i ist abhängig von den diesem Montageplatz in dieser Periode zugeordneten
Personen sowie den den Personen zugeordneten Schichtmodellen:

$$KAP\ (T_i,M_j)\ =\ \sum_{(T_i,M_j)\ \in\ pz^{-1}(M_j)} ZD_{i,m}$$

Da die für eine Erzeugnisgruppe zur Verfügung stehende Kapazität
alle Montageplätze umfaßt, die in der Periode T_i den entsprechenden Rüstzustand RZ_l haben, kann die Kapazität des Rüstzustands k
wie folgt berechnet werden:

$$KAP\ (T_i,RZ_K)\ =\ \sum_{(T_i,M_j)\ \in\ rt(M_j)} KAP\ (T_i,M_j)$$

Die pro Periode i zur Verfügung stehende Personalkapazität (definiert durch die Anzahl Personen und ihre jeweiligen Schichtmodelle) ist Eingangsgröße für die Optimierung der Kapazitätsverteilung.

5.3.2 Berechnung des Kapazitätsbedarfs

Der Kapazität gegenüber steht die Zeit, die sich aus den Einzelzeiten der zu montierenden Erzeugnisse (summiert über alle Arbeitsfolgen der Kapazitätseinheit) und der Anzahl der im einzelnen zu montierenden Erzeugnisse ergibt als K a p a z i t ä t s -
b e d a r f gegenüber. Der Kapazitätsbedarf eines Periodenloses
eines jeden Erzeugnis E_1 ist definiert durch seine Zuordnung zu
einem Rüstzustand und seiner Einzelzeit $TE_{1,k}$, die dieses Erzeugnis zur Montage unter diesem Rüstzustand benötigt.

$$KBED \ (T_i, E_1) = TE_{1,k} \ * \ ME_{i,1}$$

Die Kapazitätsbedarfe von Erzeugnissen einer Erzeugnisgruppe, die
um Montagesysteme desselben Rüstzustands konkurrieren, können wie
folgt berechnet werden:

$$KBED \ (T_i, RZ_k) = \sum_{E_1 \in G_k} TE_{1,k} \ * \ ME_{i,1}$$

5.4 Formulierung der Zielfunktion

Die Zielstellung einer Minimierung der Kosten erfordert eine Kostenfunktion als Zielfunktion des Planungsproblems. In diese sind
nur die Kostenarten aufzunehmen, die durch die Auftragsbildung
beeinflußt werden können und als relevante Kosten bezeichnet werden. Daher beschränkt sich die Kostenbetrachtung auf folgende
Kostenarten:

- die durch die Planbestände an Endprodukten E verursachten
  Kapitalbindungskosten pro Periode und Endprodukt[1].

---

1) Die Aufträge der Endmontage sind die Grundlage für die nach-
folgend ablaufende Bestellrechnung für Teile und Baugruppen. Daher
dürfen an dieser Stelle Bestandskosten für Vormaterial und Baugruppen n i c h t berücksichtigt werden. Die Problemstellung
kann nicht lauten: "Was ist zu fertigen, um das Lager zu leeren?",
sondern die Auftragsbildung der nächsttieferen Dispositionsstufen

- die Rüstkosten an den Montageplätzen M_j pro Periode

- Umsetzkosten des Personals P_m (Umlern- oder Anlernkosten)[1], die ebenfalls pro Planperiode auszuweisen sind.

- die aufgrund von Kapazitätsengpässen entstehenden Opportunitätskosten für die verspätete oder überhaupt nicht stattfindende Produktion eines oder mehrerer Produkte. Die insgesamt entstehenden Opportunitätskosten ergeben sich durch Aufsummieren der Opportunitätskosten über alle Endprodukte E_l.

Damit läßt sich der Wert der Zielfunktion bis zu einer Periode T_i wie folgt berechnen:

$$Z(T_i) = Z_0 + \sum_{t=T_0}^{T_i} \left\{ \sum_{M_j \in M} (URK(t,M_j) + USK(t,M_j)) + \sum_{E_l \in E} (BK(t,E_l) + OK(t,E_l)) \right\}$$

Diese Funktion ist die Zielfunktion der Optimalplanung. Es gilt, den Wert dieser Funktion durch entsprechende Kapazitäts- und Auftragsplanung, d.h. durch entsprechende Festlegung der Periodenkapazitäten pro Montagesystem und eine entsprechende Produktionsplanfestlegung auf ein Minimum zu reduzieren.

---

hat die b e d a r f s g e r e c h t e Bereitstellung der Vormaterialien und Baugruppen sicherzustellen.

1) Die Umlernkosten an Personal sind nur sehr schwer zu beziffern. Die durch die veränderten Arbeitsinhalte erzeugte Minderleistung muß, um die geplante Menge zu halten durch, <u>Überstunden</u> ausgeglichen werden. Aus der Vergangenheit liegen über die zu leistenden Überstunden genug Informationen vor, so daß die Umlernkosten auf ein bestimmtes Produkt in Form eines fixen Kostensatz definiert werden können.

5.4.1 Planbestandsrechnung und Ermittlung von Bestandskosten und Opportunitätskosten

Der Planbestand in einer Periode T_i ergibt sich aus den Planzu-
gängen gemäß festgelegtem Produktionsprogramm, die bis zu diesem
Zeitpunkt erfolgen, abzüglich der Planabgänge gemäß Absatzplan,
die bis zu diesem Zeitpunkt erfolgen werden. Für die exakte
Berechnung ist zunächst die Zuordnung von Planzugängen und
Planabgängen zu den Periodenterminen festzulegen:

- Planabgänge innerhalb einer Periode werden dem Anfangszeitpunkt
  der Periode zugeordnet
- Planzugänge innerhalb einer Periode werden dem Endtermin einer
  Periode zugeordnet.

Damit ist der Tatsache Rechnung getragen, daß keine Aussage getroffen werden kann, zu welchem Zeitpunkt innerhalb einer Periode
ein Planzugang oder Planabgang erfolgt. So könnte der Abgang zu
Beginn einer Periode erfolgen, während der Planzugang erst zu Ende
einer Periode eintrifft (worst case). Planzugänge resultieren aus
Fertigungslosen, während Planabgänge auf den Primärbedarfen
resultieren.

Der Planbestand eines Endprodukts E_i zu einer Periode T_j errechnet
sich daher wie folgt:

$$PBST(T_i, E_l) = IBST(E_l) + \sum_{t=T_0}^{T_{j-1}} ME_{t,l} - \sum_{t=T_0}^{T_j} BED_{t,l}$$

Rechnerisch kann der Bestand einer Periode kleiner 0 werden. Dies
bedeutet, die Produktion ist gegenüber den Bedarfen im Rückstand.
Da die Fertigungsaufträge kapazitätsbezogen gebildet und die Be-
darfsreihenfolge direkt als Produktionsreihenfolge übernommen
wird, entspricht ein Produktionsrückstand einem Kapazitätsengpaß
in dieser oder einer der Vorperioden. Da aufgrund der flexiblen
Kapazitäten davon ausgegangen werden kann, daß eine Kapazitäts-
verschiebung zugunsten eines Erzeugnisses mit negativem Bestand
stattfinden kann, um den Kapazitätsengpaß auszugleichen, ist, um

die Dringlichkeit der Umplanung im Vergleich mit anderen Erzeugnissen, die ebenfalls in dieser Periode einen Produktionsrückstand aufweisen, rechenbar zu machen, der Rückstand mit Opportunitätskosten zu bewerten.

Da Erzeugnisse u.U. sehr unterschiedliche Gewichte und Volumina haben, sind die anteilmäßigen Lagerkosten über einen artikelbezogenen Lagerkostenfaktor $FL(E_i)$ zu berücksichtigen. D.h. aus dem in der Planbestandsrechnung berechneten Istbestand (> 0) werden die Bestandskosten ermittelt, indem der Istbestand mit den Herstellkosten des Erzeugnisses und mit der Summe aus Kapitalbindungsfaktor und Lagerkostenfaktor multipliziert wird.

$$BK(T_j, E_l) = \begin{cases} PBST(T_j, E_l) * HK(E_l) * (FK + FL(E_l)) & ; \text{für } PBST(T_j, E_l) \geq 0 \\ 0 & ; \text{für } PBST(T_j, E_l) < 0 \end{cases}$$

Sinkt der Planbestand unter 0, d.h. entsteht Rückstand gegenüber dem Plan so ist dieser mit dem Deckungsbeitrag des Erzeugnisses zu bewerten. Der Deckungsbeitrag wird in erster Näherung als Differenz zwischen Verkaufspreis und Herstellkosten errechnet. Man erhält:

$$OK'(T_j, E_l) = \begin{cases} PBST(T_j, E_l) * (VK(E_l) - HK(E_l)) & ; \text{für } PBST(T_j, E_l) < 0 \\ 0 & ; \text{für } PBST(T_j, E_l) \geq 0 \end{cases}$$

Diese Kosten drücken aus, was an zusätzlichem Deckungsbeitrag in dieser Periode möglich wäre, wenn die Kapazität entsprechend angepaßt werden könnte. Aus den Opportunitätskosten läßt sich daher ein möglicher Zinsgewinn ableiten, wenn man die Opportunitätskosten mit einem Zinsfaktor FO multipliziert. Die so g e w i c h t e t e n Opportunitätskosten $OK(T_i, E_l)$ sind damit v e r g l e i c h b a r mit den Bestandskosten. Es ergibt sich:

$$OK(T_j, E_l) = \begin{cases} PBST(T_j, E_l) * (VK(E_l) - HK(E_l)) * FO & ; \text{für } PBST(T_j, E_l) < 0 \\ 0 & ; \text{für } PBST(T_j, E_l) \geq 0 \end{cases}$$

5.4.2 Berechnung der Umrüstkosten

Umrüstkosten entstehen, wenn an einem Arbeitsplatz gerüstet wird
und dieser dadurch nicht produziert. Die Ausfallzeit, die zum
Umrüsten benötigt wird und der Rüstaufwand, der durch Einsatz
entsprechend geschulten Rüstpersonals entsteht, kann mit einem
Fixkostensatz $FKU(M_j)$ je Montagesystem bewertet werden. Rüstkosten
entstehen immer dann, wenn der Rüstzustand eines Montageplatzes
sich ändert. Die bei einem Montageplatz M_j anfallenden Rüstkosten
einer Periode T_i ergeben sich zu:

$$URK(M_i,T_j) = \begin{cases} FKU(M_j) & ;für\ rt(T_i,M_j) \neq rt(T_{i-1},M_j) \\ 0 & ;für\ rt(T_i,M_j) = rt(T_{i-1},M_j) \end{cases}$$

5.4.3 Berechnung der Personalumsetzkosten

Beim Umsetzen von Personal ändert sich der Arbeitsinhalt und es
entsteht eine Lernsituation für die betroffene Person. Die daraus
resultierende Minderleistung und ihre Dauer ist in der Regel aus
Vergangenheitswerten bekannt, so daß ein fixer Kostensatz $FKL(RZ_k)$
für das Umlernen auf eine bestimmte Erzeugnisgruppe definiert werden kann. Im allgemeinen kann vom Vorhandensein solcher Informationen ausgegangen werden. In einigen Fällen sind diese Werte bereits im Tarifvertrag oder in Betriebsvereinbarungen festgelegt.

In der Serienmontage werden häufig gleichartige Erzeugnisse montiert, die sich z.B. nur durch das Design etc. unterscheiden. Die
Umlernkosten entstehen daher nicht zwischen allen Erzeugnissen
sondern es können Erzeugnisgruppen definiert werden, innerhalb
derer keine Umlernkosten entstehen. Der Erzeugnisgruppenwechsel
entspricht auch immer einem Wechsel des Rüstzustands des Arbeitsplatzes. D.h. Umlernkosten entstehen immer dann, wenn sich die
Personalkapazität einer Erzeugnisgruppe gegenüber der vorher-
gehenden Periode vergrößert. Die entstehenden Umlernkosten sind
proportional zur Anzahl der Personen p, die zusätzlich für diese
Erzeugnisgruppe, d.h. für diesen Rüstzustand eingesetzt werden.
Die Menge des "neuen" Personals $NP(T_i,M_j)$ eines Montagesystems M_j
im Zeitabschnitt T_i ist:

$$NP(T_i, M_j) := \{ P_m \mid (T_i, P_m) \in pz^{-1}(M_j) \text{ und } (T_i, P_m) \in pz(T_{i-1}, P_m) \}$$

Die Umsetzkosten ergeben sich aus der Anzahl der Elemente dieser Menge:

$$USK\ (T_i, M_j) = card\ (NP(T_i, M_j)) * FKL$$

Mit dem bis hier definierten Modell sind alle Voraussetzungen für die Entwicklung eines Optimalplanungsverfahren, nämlich
    - die Definition der Zielfunktion
    - und die quantitative Beschreibung der Planungsrestriktionen
erfüllt, d.h. das Planungsmodell ist damit vollständig formuliert.

6 Ein Verfahren zur simultanen und kostenoptimalen Montageprogrammplanung und Kapazitätsabgleich

Im folgenden wird ein Verfahren zur Lösung der in Kapitel 5 dargestellten Optimierungsaufgabe entwickelt. Dazu ist zunächst zu entscheiden, welche Art von Verfahren[1] anzuwenden ist. Als Lösungsverfahren kommen zunächst alle allgemein anwendbaren Verfahren in Betracht. Die exakten Optimalplanungsverfahren, wie die Verfahren der linearen Optimierung[2] sind zuerst auf ihre Eignung zu prüfen, da diese Verfahren in der Lage sind, globale Optima zu ermitteln. Ausgehend von der Art des einzusetzenden Verfahrens, ist dann die eigentliche Vorgehensweise der Planung zu entwickeln.

6.1 Verfahrensauswahl zur Lösung der Produktionsplanungsaufgabe

Die Optimierungsaufgabe kann als einstufiges A u f t r a g s - p l a n u n g s - und P e r s o n a l z u o r d n u n g s - p r o b l e m bezeichnet werden. Gegenüber dem - in der Literatur behandelten - Losgrößenproblem mit Kapazitätsbeschränkung (CLSP) stellt die beschriebene Optimierungsaufgabe also eine wesentliche qualitative Erweiterung dar, da der Planungsspielraum neben den Auftragslosen auch die Personalzuordnung umfaßt. Aufgrund der Berücksichtigung von Bestands- u n d Opportunitätskosten ist das Planungsproblem keinem exakten Optimierungsverfahren zugänglich. Dies kann wie folgt begründet werden:

Da die Kosten sich nur abschnittsweise linear verhalten, werden die Koeffizienten der Zielfunktion abhängig vom Wert der zugeordneten Basisvariablen. Zusätzlich sind die Koeffizienten der Bestands- und Opportunitätskosten abhängig von derselben Variablen

---

1) Bei den Planungsverfahren sind im wesentlichen zu unterscheiden (vgl. /91/, /95/):
  - Verfahren der linearen und nichtlinearen Planungsrechnung,
  - Entscheidungsbaumverfahren und
  - Heuristische Verfahren.

2) Der Begriff "lineare Optimierung" ist aus dem angelsächsischen Begriff "linear programming" abgeleitet und wird in der Literatur auch als "lineare Programmierung" oder "lineare Planungsrechnung" wiedergegeben (vgl. /91/).

(nämlich dem Bestand) aber mit umgekehrtem Vorzeichen. Daher
können exakte Verfahren der linearen oder ganzzahligen
Planungsrechnung (z.B. Simplexverfahren) nicht angewendet werden.

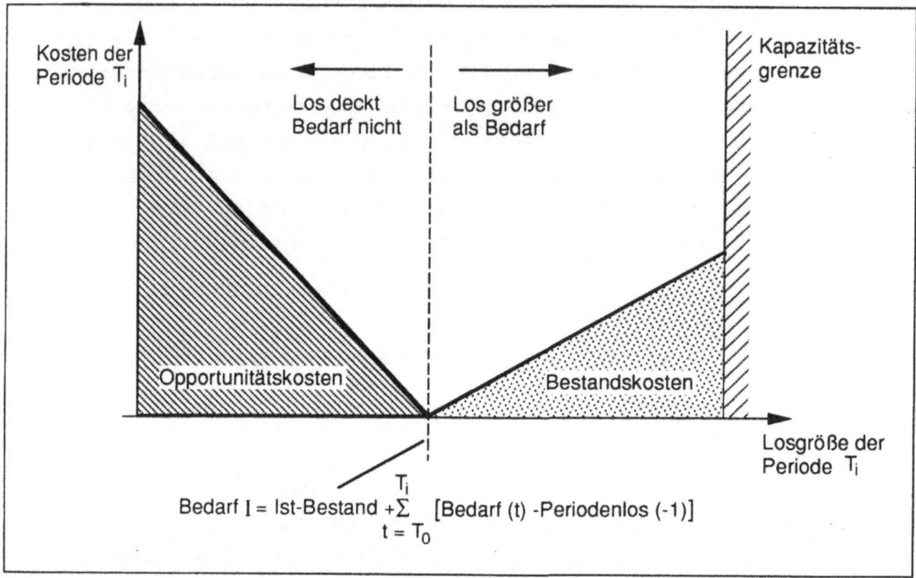

Bild 12   Abhängigkeit der Zielfunktion von der Losgröße

Zwei Wege des weiteren Vorgehens scheinen möglich. So kann entweder versucht werden, durch zusätzliche Restriktionen den möglichen Lösungsraum so zu reduzieren, daß die Zielfunktion innerhalb
des Lösungsraums   l i n e a r   wird oder man beschreitet den
Weg, eine Heuristik zu entwickeln.

Zusätzliche Restriktionen führen entweder zur Unterdrückung der
Opportunitätskosten oder der Bestandskosten. Der Verzicht auf die
Betrachtung der Bestandskosten würde jedoch den grundlegenden Ver-
fahrensanforderungen widersprechen und kann somit von vornherein
ausgeklammert werden. Es bleibt die Aufgabe zu untersuchen, ob auf
eine Betrachtung der Opportunitätskosten verzichtet werden kann.
Ein Verzicht auf die Betrachtung der Opportunitätskosten erscheint
dann sinnvoll, wenn praktisch kein Kapazitätsengpaß auftritt. Dann
kann die weitere Restriktion eingeführt werden, daß mindestens der
aktuelle Bedarf eines Erzeugnisses ohne Berücksichtigung der Rüst-

kosten zu fertigen ist. Das Bemühen, die Planungsaufgabe auf diese
Art lösbar zu machen, stößt jedoch, neben einer Verschlechterung
der Kostensituation auf das Problem der praktikablen Größenord-
nung. Exakte Verfahren der vollständigen Enumeration oder Verfahren des Branch and Bound sind (bei realistischen Größenordnungen)
bereits für das CLSP-Problem zu aufwendig. Erschwert wird die
Lösung durch das komplizierte Kapazitätsmodell, welches auf der
Kombination zweier Produktionsfaktoren (Betriebsmittel und Personal) beruht. Daher scheiden exakte Verfahren auch von der
Praktikabilität her aus.

Aus diesen Gründen wird eine H e u r i s t i k zur Lösung des
Problems entwickelt. Diese Heuristik ist völlig neu zu entwerfen,
da es sich um eine Aufgabenstellung handelt, die in dieser Form
noch nirgends bearbeitet wurde.

6.2 Lösungsansatz

Bei der Entwicklung der Heuristik kann nicht auf bewährte Verfah-
rensschemata zurückgegriffen werden, sondern sie erfordert einen
grundlegenden Neuentwurf des Verfahrensablaufs, der sich aus der
Problemstellung und dem formulierten Planungsmodell ableiten muß.
Insbesondere ist das Vorgehen auf der Zeitachse (vorwärts, rück-
wärts oder ohne Zeitabschnittsbezug) und das Prinzip der Planung
innerhalb eines Planungsschritts festzulegen.

6.2.1 Vorgehen auf der Zeitachse

Da die durch Personalumsetzung und Umrüsten von Arbeitsplätzen
verursachten Kosten Ä n d e r u n g s k o s t e n gegenüber dem
aktuellen Zustand darstellen, muß jede Planungsrechnung auf der
a k t u e l l e n Kapazitätsverteilung aufsetzen. Daher wird die
Planung grundsätzlich von der Gegenwart in Richtung Zukunft ablaufen. Der gesamte Planungshorizont ist unterteilt in (durch äquidistante Zeitpunkte) begrenzte Perioden. Wird jedoch für jede
Periode getrennt geplant, d.h. wird die Kapazitätsverteilung für
jede Periode neu berechnet, so führt diese aufgrund der z.T.
sprunghaft verlaufenden Bedarfe zu einer sehr sprunghaften Kapa-

zitätsverteilung von Periode zu Periode und damit zu n i c h t
w i r t s c h a f t l i c h e n Rüstkosten. Eine Beschränkung der
Betrachtung auf jeweils eine Planungsperiode ist daher nicht möglich. Wird dagegen der gesamte Planungshorizont in die Betrachtung
einbezogen, so ist das Ergebnis der Planungsrechnung ein über den
gesamten Planungshorizont summierter Kapazitätsabgleich, der
gerade die g e w ü n s c h t e n saisonalen Umverteilungen der
Kapazität nicht beinhaltet. Aus diesem Grund ist es vorteilhaft,
die Bedarfsbetrachtung auf einen Horizont zu beziehen, der größer
als eine Periode und kleiner als der Planungshorizont ist. Dieser
Zeitbereich, auf den sich der a k t u e l l e Planungsschritt
bezieht, wird im weiteren mit V o r s c h a u h o r i z o n t
bezeichnet.

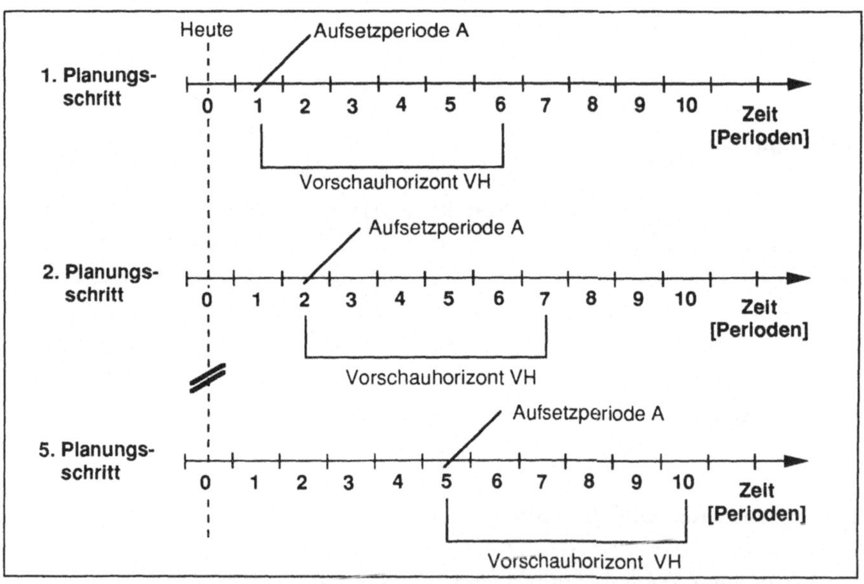

Bild 13 Darstellung von Vorschauhorizont, Planungshorizont und
zeitlichem Vorgehen.

Für den Vorschauhorizont wird eine bedarfsgerechte Kapazitätsverteilung und Auftragsbildung durchgeführt. Im ersten Planungsschritt geschieht dies ausgehend von der aktuellen Periode. In den
weiteren Planungsschritten wird der Aufsetzpunkt der Planung um
jeweils eine Periode verschoben. Die Periode von der die Planung

startet, wird als Aufsetzperiode des Planungsschritts bezeichnet. Damit wird erreicht, daß die Umverteilung von Kapazität zum einen saisonalen Bedarfsspitzen folgt, zum anderen nicht zu sprunghaft erfolgt. Bedarfssprünge, die durch im Vorfeld aufgebaute Bestände und mehr Kapazität abgedeckt werden müssen, stellen eine besondere Problematik dar. So können diese Bestände durch eine frühzeitige und geringe Kapazitätserhöhung aufgebaut werden oder durch eine massive Kapazitätserhöhung kurze Zeit vor dem Bedarfstermin. Der Kapazitätsbedarf ist also je nach zeitlichem Abstand zur Aufsetz- periode zu gewichten. Dabei sind zeitnähere Perioden stärker zu gewichten als weiter entfernte Perioden. Dies kann erreicht werden durch eine Bewertung der Bedarfe mit einem Faktor, der reziprok zum zeitlichen Abstand von der Aufsetzperiode ist.

6.2.2 Vorgehen innerhalb eines Planungsschritts

Innerhalb eines Planungsschritts ist aufgrund der Kostensituation der Ausgangslösung eine Personalumplanung vorzunehmen. Durch die Zuordnung von Erzeugnisgruppen zu Rüstzuständen kann die Zielfunk- tion aufgesplittet werden in Bestands- und Opportunitätskosten je R ü s t z u s t a n d   und die anfallenden Rüstkosten.

Wenn nun Personal von einem Rüstzustand X auf einen Rüstzustand Y umgesetzt wird, so hat das die Konsequenzen, daß im Rüstzustand X die Bestandskosten sinken und die Opportunitätskosten steigen, im Rüstzustand Y die Bestandskosten steigen und die Opportunitäts- kosten sinken und die insgesamt angefallenen Rüstkosten steigen. Da die Höhe der Kosten und die hinter den Kosten versteckt lie- gende Kapazitätsüber- und Kapazitätsunterdeckung sowie die Umsetz- und Umrüstkosten bekannt sind, kann die Auswirkung der Personalum- planung auf die bestehenden Kosten a b g e s c h ä t z t   werden. Folgende Vorgehensweise eines Optimierungsverfahrens erscheint daher erfolgversprechend:

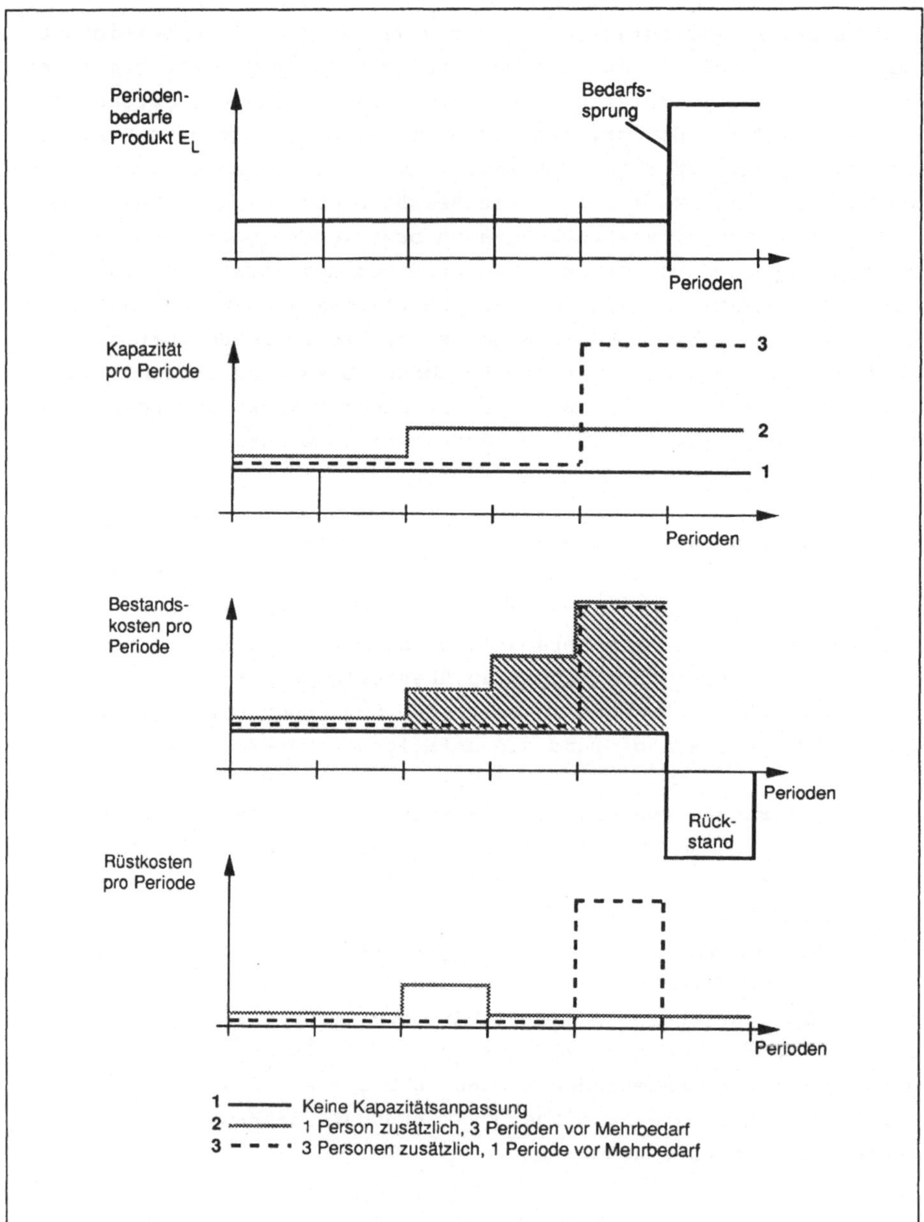

Bild 14   Zusammenhang zwischen Kapazitätsänderung und
          Bestandsaufbau

- Für die zu Beginn eines Planungsschritts bestehenden Planbestandsverläufe werden Bestands- und Rückstandskosten berechnet und
pro Rüstzustand ausgewiesen. Die Rüstkosten werden im ersten Planungsschritt zu 0 gesetzt, in den weiteren Planungsschritten entsprechend dem umgesetzten Personal erhöht.

- Alle Rüstzustände werden zunächst in eine Reihenfolge entsprechend den ihnen zugeordneten Kosten gebracht, Opportunitätskosten
werden dabei mit negativem Vorzeichen versehen. Das Verfahren soll
nun zuerst versuchen, Personal vom Subsystem mit den höchsten Bestandskosten auf das Subsystem mit den höchsten Opportunitätskosten umzuplanen. Das Verfahren wird dabei solange fortgesetzt, bis
eine weitere Umplanung (und damit Erhöhung der Rüstkosten) keinen
weiteren Kostengewinn mehr verspricht.

- Im dritten Schritt ist eine Auftragsbildung durchzuführen unter
Berücksichtigung der neuen Kapazitätsverteilung.

Das so beschriebene Verfahren hat also die Eigenschaften, daß es
eine schrittweise Verbesserung der Ausgangslösung durchführt. Die
Qualität des Ergebnis ist zum einen abhängig von der Ausgangslösung (diese entspricht der tatsächlich bestehenden Kapazitätsverteilung und kann daher nicht mehr beeinflußt werden) und von
den Vorgabeparametern Periodenlänge und Vorschauhorizont. Die
Periodenlänge ist jedoch von organisatorischen Zwängen festgelegt
und kann nicht verändert werden. Die Wahl des Vorschauhorizonts
dagegen ist von entscheidender Bedeutung für das Ergebnis des Verfahrens. Da pro gewähltem Vorschauhorizont ein anderes lokales
Optimum errechnet wird, ist es sinnvoll, die Planung in Form einer
Simulation /92/ durchzuführen. D.h. der Disponent kann verschiedene Vorschauhorizonte vorgeben, für die ein Optimum errechnet
wird. Das kostengünstigste Ergebnis der verschiedenen Planungs-
läufe wird dann ausgewählt. Die Einbindung dieses Verfahrens in
ein Systemumfeld, welches z.B. die Speicherung von Zwischenergeb-
nissen und einzelnen Simulationsergebnissen zuläßt, ist in Kapitel
7 beschrieben. Die Vorgabe eines Vorschauhorizonts von einer
Periode oder des gesamten Planungshorizonts ergibt dann die am
Anfang dieses Kapitels geschilderten Sonderfälle.

6.3 Sortierung der Rüstzustände

6.3.1 Ermittlung der Kosten- und der Kapazitätsbilanz pro Rüstzustand

Die Bestandskosten eines Rüstzustands k in einer Periode i ergeben
sich als die Summe der Bestandskosten aller diesem Rüstzustand
zugeordneten Erzeugnisse und errechnen sich wie folgt:

$$BK \ (T_i, RZ_k) = \sum_{E_l \in \ G_k} BK \ (T_i, E_l)$$

Desgleichen errechnen sich die Opportunitätskosten je Rüstzustand
und Periode:

$$OK \ (T_i, RZ_k) = \sum_{E_l \in \ G_k} OK \ (T_i, E_l)$$

Die Kosten werden mit Hilfe der Planbestandsrechnung berechnet.
Zunächst können die Kapazitätsüber- bzw. Kapazitätsunterdeckung
aus der Planbestandsrechnung pro Erzeugnis abgeleitet werden:

$$\ddot{U}KAP(T_j, E_l) = \begin{cases} PBST(T_j, E_l) \ * \ TE_{l,k} & ; f\ddot{u}r \ PBST(T_j, E_l) \geq 0 \\ 0 & ; f\ddot{u}r \ PBST(T_j, E_l) < 0 \end{cases}$$

$$UKAP(T_j, E_l) = \begin{cases} PBST(T_j, E_l) \ * \ TE_{l,k} & ; f\ddot{u}r \ PBST(T_j, E_l) < 0 \\ 0 & ; f\ddot{u}r \ PBST(T_j, E_l) \geq 0 \end{cases}$$

Die Kapazitätsbilanzen aller Erzeugnisse einer Ezeugnisgruppe k,
welche alle Erzeugnisse enthält, die auf einem Rüstzustand
gefertigt werden können, ergeben summiert die Kapazitätsüber- bzw.
Kapazitätsunterdeckungen des Rüstzustands. Diese können daher wie
folgt berechnet werden:

$$\ddot{U}KAP(T_i, RZ_k) \;=\; \sum_{E_l \in G_k} \ddot{U}KAP(T_i, E_l)$$

$$UKAP(T_i, RZ_k) \;=\; \sum_{E_l \in G_k} UKAP(T_i, E_l)$$

In der Regel wird ein Rüstzustand in einer Periode entweder im Produktionsvorlauf oder im Rückstand sein. Nur wenn ein Rüstzustand sehr nahe am Bedarf produziert, kann es sein, daß in einer Periode Mehr- und Minderstunden (bei verschiedenen Erzeugnissen und in sehr geringer Anzahl) gleichzeitig anfallen. Daher ist es sinnvoll, wenn Mehr- und Minderstunden einer Periode i zu einer Kapazitätsbilanz des Rüstzustands addiert werden:

$$KAPB(T_i, RZ_k) \;=\; \ddot{U}KAP(T_i, RZ_k) \;-\; UKAP(T_i, RZ_k)$$

6.3.2 Berechnung der Basiswerte für die Abschätzung der Kostenreduzierung

Wenn die Kostensituation eines Rüstzustands als Grundlage von Kapazitätsentscheidungen verwendet wird, so ist zu berücksichtigen, daß der Kostenvorteil, den die Umsetzung von Kapazität mit sich bringt, abhängig ist vom Verhältnis der Kosten zum ausstehenden Arbeitsvolumen. Daher dürfen nicht die Bestands- und Opportunitätskostenvorteile allein betrachtet, sondern die möglichen Kostenvorteile pro umverteilter Kapazität. Es muß also eine Gewichtung der Kosteneinsparung mit den Stunden erfolgen. Die Rüstzustände sind zunächst in eine Reihenfolge zu bringen, die vom Algorithmus sinnvoll abgearbeitet werden kann. Dazu ist es sinnvoll, die Rüstzustände so zu sortieren, daß zuerst der Rüstzustand mit den höchsten gewichteten Bestandskosten angefaßt wird. Die für das Vorgehen des Algorithmus relevanten Informationen sind

- Bestands- und Opportunitätskosten je Rüstzustand bis Vorschauhorizont und
- die gewichtete Kapazitätsbilanz bis Vorschauhorizont.

Die Bereitstellung der Informationen vollzieht sich in folgenden
Schritten, die anhand eines Beispiels in Bild 15 nachvollzogen
werden können:

Schritt I. Ausgehend von der Aufsetzperiode werden die Bestands-
und Opportunitätskosten gewichtet nach Stunden für jeden
Rüstzustand über den Vorschauhorizont aufaddiert und nach dem
Betrag addiert:

$$KBIL^{gew}(RZ_k) = \sum_{i=A}^{A+VH} (BK(T_i,RZ_k) - OK(T_i,RZ_k))/KAPB(T_i,RZ_k)$$

Schritt II. Die Mehr- und Minderstunden je Periode werden gewichtet nach Abstand zur Aufsetzperiode T_A. Es ist nicht sinnvoll,
alle zeitlich folgenden Perioden gleich zu betrachten. Nahe
Kapazitätskonflikte sind stärker zu berücksichtigen als ferne.
Daher wird die Kapazitätsbilanz linear mit dem Abstand zur
aktuellen Periode gewichtet.

$$KAPB^{gew}(T_i,RZ_k) = KAPB(T_i,RZ_k) / (1-(i-A)/VH))$$

Die gewichteten Kapazitätsbilanzen werden über denselben Zeitraum
addiert, man erhält dadurch eine gewichtete Gesamtbilanz:

$$KAPB^{gew}(RZ_k) = \sum_{i=A}^{A+VH} KAPB^{gew}(T_i,RZ_k)$$

Schritt III:
Die ermittelten gewichteten Stundenkosten werden nun mit der
gewichteten Kapazitätsbilanz multipliziert und man erhält die
entscheidungsrelevante Kostenbilanz des Rüstzustands:

$$KBIL(RZ_k) = KBIL^{gew}(RZ_k) * KAPB^{gew}(T_i,RZ_k)$$

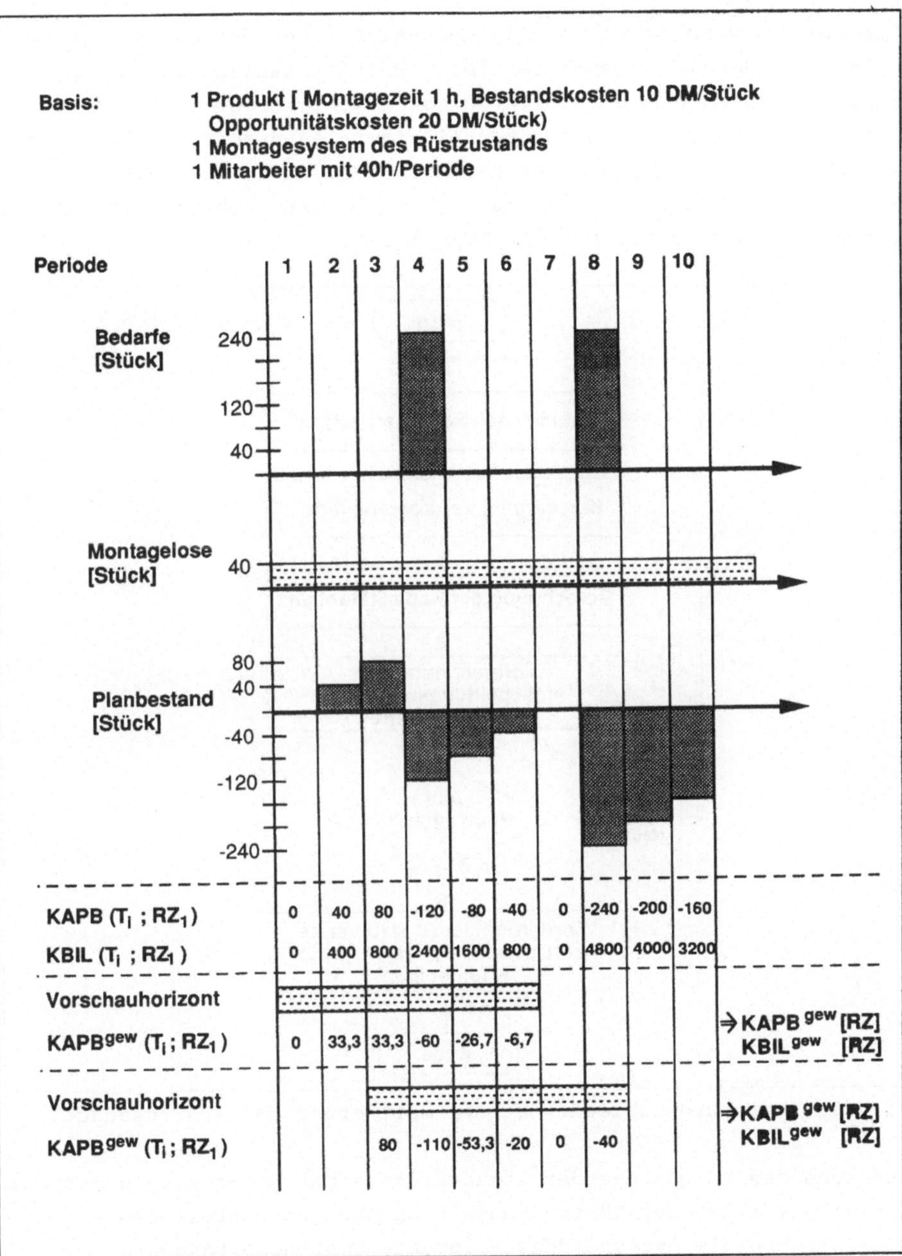

Bild 15 Vorgehensweise bei der Berechnung von Kosten und Kapazitätsbilanz

Die Rüstzustände werden nun in der Reihenfolge der entscheidungsrelevanten Kostenbilanzen sortiert. Die Abschätzung der durch
Kapazitätsumplanung erreichbaren Kostenminimierung erfolgt durch
eine Differenzbildung der entscheidungsrelevanten Kostenbilanzen
zwischen dem Rüstzustand mit der höchsten und dem mit der
kleinster relativen Kostenbilanz (Die kleinste Kostenbilanz kann
aufgrund hoher Rückstände durchaus negativ sein).

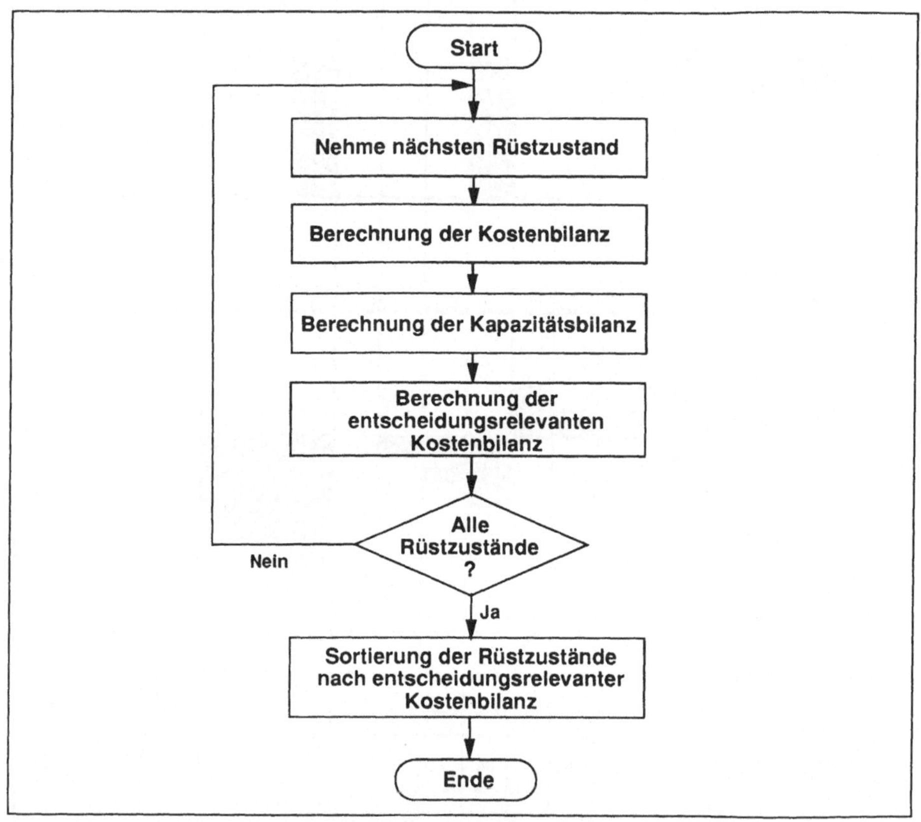

Bild 16   Verfahrensabläufe bei der Sortierung der Rüstzustände

Aufgrund des Vergleichs der Stundenzahl eines Mitarbeiters mit der
Kapazitätsbilanz des Rüstzustands kann über den Anteil des
Mitarbeiters die entscheidungsrelevante Kosteneinsparung
abgeschätzt werden. Diese kann dann wiederum den entstehenden
Rüst- und Umsetzkosten gegenübergestellt werden, um eine
Entscheidung über die Umsetzung des Personals zu erhalten.

6.4 Durchführung des Kapazitätsabgleichs

6.4.1 Elementarfunktionen der Kapazitätsabstimmung

Die Elementarfunktionen der Kapazitätsabstimmung stellen die grundsätzlich möglichen Operationen dar, die die Personalzuordnung zu Montagesystemen beeinflussen:

I. Zuordnung von zusätzlichem Personal, das im Schichtmodell $SCH(T_i, P_m)$ arbeitet und damit Erhöhung des Kapazitätsangebots des Rüstzustands k.

$$KAP_{neu}(T_i, RZ_k) = KAP_{alt}(T_i, RZ_k) + ZD_{i,m}$$

Neues Personal steht nicht von vornherein mit der vollen Leistung zur Verfügung. Diese Minderleistung gegenüber der Planleistung wird bei Personalumsetzung mit Personalumsetzkosten bewertet. Da diese Kostenart die Minderleistung gegenüber der Planleistung ausdrückt, fällt diese Kostenart auch bei Neubesetzung eines Arbeitsplatzes an. Die entstehenden Umsetzkosten sind US_{RZi}.

II. Änderung des Kapazitätsangebots durch Umsetzen von Personal mit dem Schichtmodell $SCH(T_i, P_m)$ von Rüstzustand k1 nach Rüstzustand k2. Da die Summe des Personals insgesamt konstant ist, bedeutet dies:

$$KAP_{neu}(T_i, RZ_{k1}) = KAP_{alt}(T_i, RZ_{k1}) - ZD_{i,m}$$

$$KAP_{neu}(T_i, RZ_{k2}) = KAP_{alt}(T_i, RZ_{k2}) + ZD_{i,m}$$

Diese Funktion führt zusätzlich die Umsetzung der rüstzustandsbezogenen Vorgabe in eine montagesystembezogene Umplanung aus. Dabei sind folgende Randbedingungen zu gewährleisten:

- Es gibt einen zwischen Schichtbeginn und Schichtende nicht besetzten Arbeitsplatz innerhalb der auf RZ_{k2} gerüsteten Montageplätze.

- Es muß zumindest eine Person für die Umsetzung frei sein.
  Das bedeutet:
    o Die Anzahl der in der Periode i dem Rüstzustand k1
      zugeordneten Personen muß mindestens eins betragen.
    o Durch Wegnahme der Person darf die Mindestbesatzung des
      Montagesystems nicht unterschritten werden (Ansonsten
      ist u.U. das ganze Montagesystem umzurüsten).

Die entstehenden Umsetzkosten sind USK(RZ_k).

Ist kein Arbeitsplatz mehr frei, so muß geprüft werden, ob ein
nicht besetztes Montagesystem der Montagesystemgruppe vorhanden
ist. Dieses ist dann entsprechend umzurüsten, bevor die Personalumsetzung erfolgen kann. Daher ergibt sich als weitere Funktion:

III. Umrüsten eines nicht besetzten Montagesystems j vom Rüstzustand k1 in den Rüstzustand k2:

$$rt(T_{i-1}, M_j) := RZ_{k1}$$

$$rt(T_i, M_j) := RZ_{k2}$$

Voraussetzung für diese Funktion ist, daß das betroffene Montagesystem beide Rüstzustände annehmen kann:

$$RZ_{k1}, RZ_{k2} \in r^{-1}(M_j)$$

Die entstehenden Rüstkosten sind die Kosten, die entstehen, wenn
der Arbeitsplatz umgerüstet wird URK(M_j).

IV. Neben der Umrüstung eines leerstehenden Arbeitsplatzes und der
anschließenden Personalzuordnung, besteht auch die Möglichkeit ein
bereits besetztes Montagesystem komplett umzurüsten. Dies ist zum
Beispiel immer dann der Fall, wenn für mehrere Erzeugnisgruppen
nur ein Montagesystem (z.B. Montageband) zur Verfügung steht. Die
Umrüstung eines besetzten Arbeitsplatzes führt zu folgender Kapa-
zitätsverschiebung:

$$KAP_{neu}(T_i, RZ_{k1}) = KAP_{alt}(T_i, RZ_{k1}) - KAP(T_i, M_j)$$

$$KAP_{neu}(T_i, RZ_{k2}) = KAP_{alt}(T_i, RZ_{k2}) + KAP(T_i, M_j)$$

Hierbei gilt die Bedingung, daß das Montagesystem beide Rüstzustände annehmen kann:

$$RZ_{k1}, RZ_{k2} \in r^{-1}(M_j)$$

Es entstehen bei dieser Umplanung sowohl Umsetzkosten $USK(RZ_k)$ (da für das Personal eine Lernsituation entsteht) als auch Umrüstkosten $URK(M_j)$ (da das Montagesystem technisch umgerüstet werden muß).

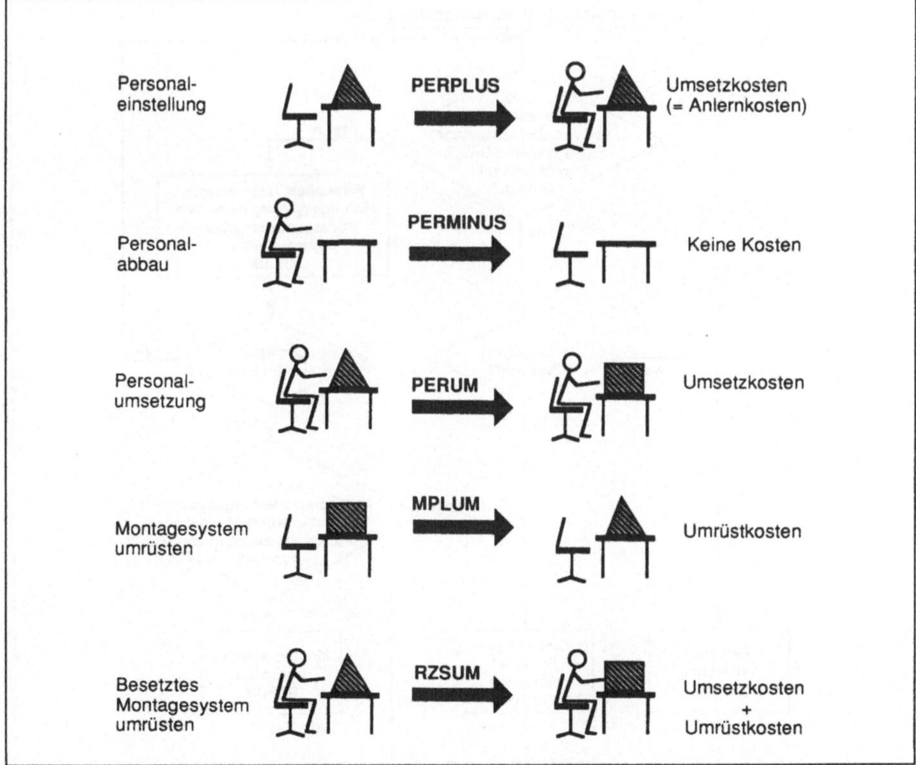

Bild 17   Verdeutlichung der Elementarplanungsfunktionen

Für die Umplanung werden also die Funktionen

- PERPLUS   Zusätzliches Personal einplanen
- PERMINUS Nicht mehr vorhandenes Personal ausplanen
- PERUM   Personal umplanen
- MPLUM   Montageplatz umrüsten
- RZSUM   Rüstzustand umrüsten (= besetzten Platz umrüsten)

benötigt. Diese sind in Bild 17 verdeutlicht. Die Anwendung der
einzelnen Elementarfunktionen hängt im wesentlichen von der bestehenden Zuordnung von Personal und Montagesystem ab, wie Bild 18
zeigt.

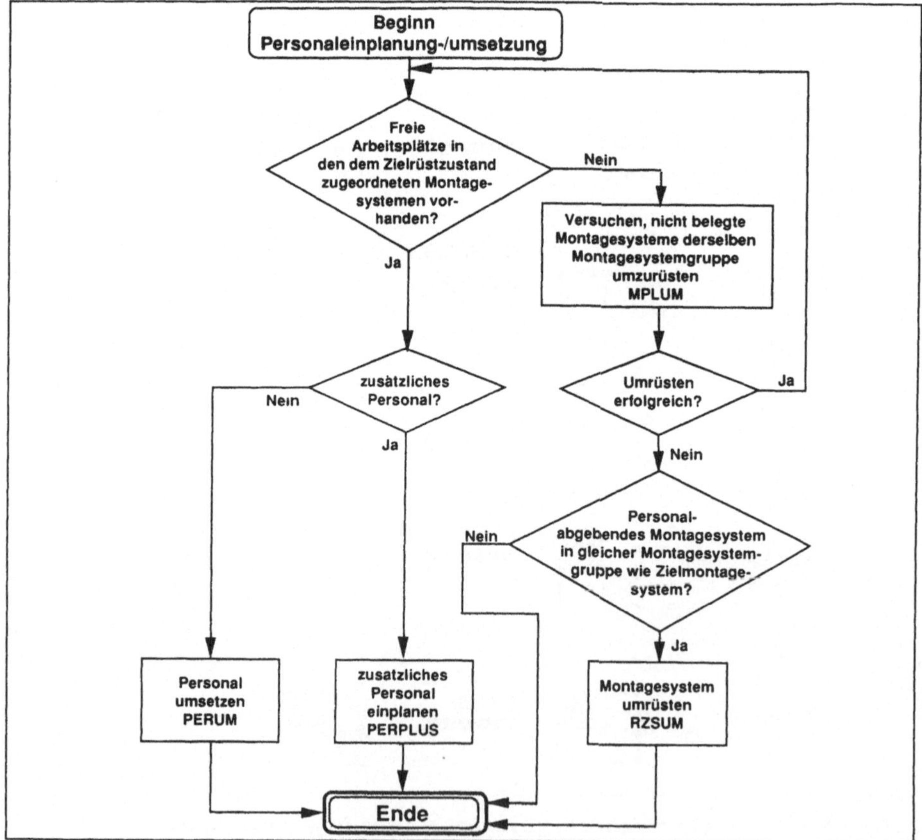

Bild 18   Logische Zusammenhänge zwischen den Elementarfunktionen
der Kapazitätsabstimmung

Soll Personal von einem Montagesystem zu einem anderen umgesetzt
werden oder ist zusätzliches Personal einzuplanen, so ist zunächst
zu prüfen, ob freie Arbeitsplätze in den Montagesystemen mit dem
Zielrüstzustand frei sind. Sind Plätze im Zielrüstzustand frei, so
ist zu unterscheiden, ob das Personal in dieser Planugngsperiode
zusätzlich vorhanden ist oder aus einem anderen Rüstzustand kommt.
Kommt es aus einem anderen Montagesystem so ist die Funktion PERUM
ansonsten die Funktion PERPLUS anzuwenden. Sind keine Arbeitsplätze im Zielrüstzustand frei, muß versucht werden, nicht besetzte
Montagesystem auf diesen Rüstzustand umzurüsten (MPLUM). Ist dies
nicht möglich, ist zu prüfen, ob das personalabgebende Montagesystem derselben Montagesystemgruppe angehört. Ist dies der Fall
prüft das Planungsverfahren, ob es sinnvoll ist, das Montagesystem
komplett auf den Zielrüstzustand umzurüsten. Ist auch dies nicht
der Fall kann dem Zielrüstzustand kein Personal zugeordnet werden
und es ist eine neue Paarung von personalabgebendem und personal-
aufnehmendem Rüstzustand zu bilden.

6.4.2 Gesamtablauf der Kapazitätsabstimmung

Wesentliche Aufgabe der Kapazitätsabgleichsfunktion ist die Umsetzung der rüstzustandsbezogenen Kostenabschätzung in eine per-
sonen- und montagesystembezogene Planungsvorgabe. Innerhalb des
Planungshorizonts der mittelfristigen Produktionsprogrammplanung
können Effekte, die sich aus der Personalpolitik des Unternehmens
ergeben, wie z.B. Personalaufbau, Personalabbau, Einsatz von
Ferien- und Aushilfskräften, eine für die Kapazitätsplanung ge-
wichtige Rolle spielen. Daher muß die Funktion des Kapazitätsabgleichs, um praktischen Anforderungen zu genügen, in der Lage
sein, den innerhalb des Planungshorizonts stattfindenen Personalaufbau und -abbau nachzuvollziehen[1]. Dazu wird die Anzahl der
bereits eingeplanten Personen pro Kapazitätsmodell mit dem Angebot
der Aufsetzperiode verglichen:

---

1) Diese Abstimmung kann nur dann erfolgen, wenn dem Verfahren ein
Personalangebotsvektor mit dem Gesamtpersonalangebot pro Periode
mitgegeben wird.

I. Zusätzlich verfügbare Kräfte einer Periode werden, bevor die interne Kapazitätsumplanung vorgenommen wird, auf die Rüstzustände mit der niedrigsten Kostenbilanz, d.h. mit den höchsten Opportunitätskosten eingeplant.

II. Personal, das am Ende des Vorschauhorizonts (Periode T_{VH} +1) nicht mehr zur Verfügung steht wird am Ende eines Planungsschritts aus der Planung gestrichen. Die betroffenen Rüstzustände weisen also nach einer erneuten Auftragsbildung zu Beginn des nächsten Planungsschritts eine verminderte Kapazität auf, wodurch sich entsprechend die Bestandskosten vermindern und die Opportunitätskosten erhöhen.

Die Rüstzustände werden sortiert nach der gewichteten Kostenbilanz, d.h. nach den anfallenden Bestands- und Opportunitätskosten. Am einfachsten läßt sich dies in Form einer Tabelle darstellen, wobei die Rüstzustände mit den höchsten Bestandskosten oben in der Tabelle stehen. Diese Tabelle wird als Plantabelle bezeichnet. Daneben liegen in dieser Tabelle die Informationen über notwendige Mehr- oder Minderstunden in Form der gewichteten Kapazitätsbilanzen pro Rüstzustand zur Verfügung.
Die prinzipielle Vorgehensweise ist in Bild 19 skizziert. Danach ermittelt das Verfahren zunächst, ob zusätzliches Personal zur Verfügung steht. Ist dies der Fall, so ist zu ermitteln, welchem Rüstzustand dieses Personal zur Verfügung gestellt werden soll. Dies ist der Rüstzustand mit den höchsten Opportunitätskosten, d.h. mit dem größten Rückstand und den geringsten Bestandskosten. Dieses ist der letzte Rüstzustand der Plantabelle. Steht in einer Periode kein zusätzliches Personal zur Verfügung so kann das Personal nur von einem anderen Rüstzustand kommen. Der in der Plantabelle an oberster Stelle stehende Rüstzustand hat die höchsten Bestands- und niedrigsten Opportunitätskosten. Daher ist der Kapazitätsabgleich zwischen diesem Rüstzustand und dem letzten Rüstzustand der Plantabelle am erfolgversprechendsten. Der Kapazitätsausgleich erfolgt grundsätzlich vom personalabgebenden Rüstzustand aus, d.h. vom Rüstzustand mit den höchsten gewichteten Beständen. Dies ist notwendig, weil nur bei p e r s o n a l a b - g e b e n d e n Rüstzuständen das Schichtmodell des abzugebenden Personals b e k a n n t ist. Würde dagegen vom Rüstzustand mit den höchsten Opportunitätskosten ausgegangen, so

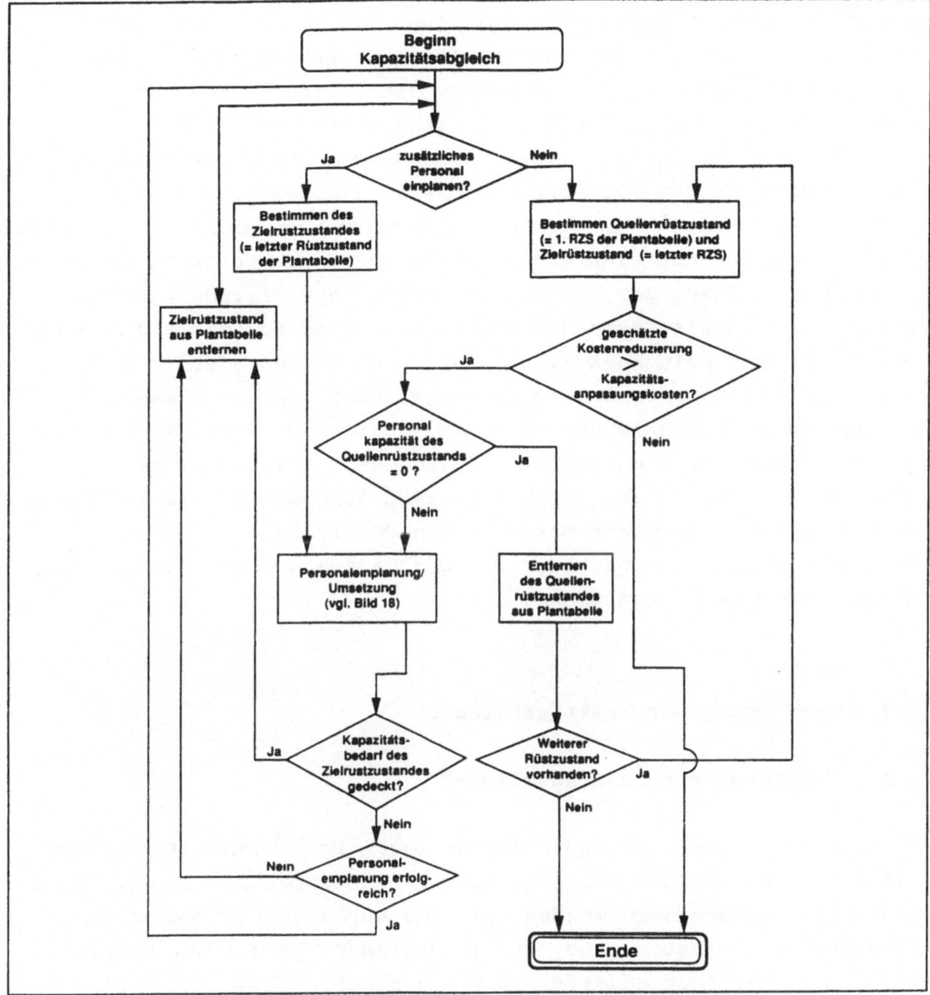

Bild 19 Verfahrensablauf der Kapazitätsabstimmung

müßte zuerst nach dem passenden Personal gesucht werden. Stehen beim personalabgebenden Rüstzustand mehrere Personen mit unterschiedlichen Schichtmodellen zur Verfügung, so werden, um mit möglichst wenig Personalumsetzungen den größtmöglichen Effekt zu erzielen, zunächst die Personen mit den meisten Stunden je Periode umgeplant und die Stundenzahl von der gewichteten Kapazitätsbilanz abgezogen. Die entscheidungsrelevante Kostenbilanzen von Quellenrüstzustand und der Zielrüstzustand für das Personal werden nun voneinander subtrahiert und mit den entstehenden

Kapazitätsanpassungskosten verglichen. Ist ein Kostenvorteil abschätzbar wird die Personalumsetzung vorgenommen. Ist aber die übrige Kapazität des personalabgebenden Rüstzustand kleiner als die Periodenstundenzahl des betrachteten Arbeitszeitmodells, so sind keine Personen mit diesem Schichtmodell mehr zur Umplanung übrig und es werden die Personen des nächstkleineren Schichtmodells disponiert[1]. Das Verfahren entfernt den personalabgebenden Rüstzustand aus der Plantabelle, wenn alles umzusetzende Personal umgesetzt ist. Auf der anderen Seite wird der Zielrüstzustand, d.h. der personalaufnehmende Rüstzustand dann aus der Plantabelle entfernt, wenn sein Kapazitätsbedarf gedeckt ist oder (z.B. aufgrund fehlender Montagesysteme bzw. Arbeitsplätze) keine weitere Personaleinplanung mehr möglich ist. Wird ein Rüstzustand aus der Plantabelle entfernt, so wird dann jeweils der nächste Quellenrüstzustand bzw. Zielrüstzustand ausgewählt. Das Verfahren bricht ab, wenn entweder nur noch ein Rüstzustand in der Plantabelle übrigbleibt, oder der geschätzte Kostenvorteil unter die vorgegebene Grenze sinkt.

6.5 Durchführung der Auftragsbildung

6.5.1 Prämissen zur Auftragsbildung

Bevor ein Auftragsbildungsverfahren entwickelt werden kann, sind die Prämissen für die Auftragsbildung zu besprechen. In der Regel kann davon ausgegangen werden, daß das vorhandene Personal zur Produktion eingesetzt wird, soweit überhaupt produziert werden soll, d.h überhaupt Bedarfe b e k a n n t sind. Da innerhalb eines Rüstzustands die Losgröße k e i n e n Einfluß auf die relevanten Kosten hat, kann ebenfalls davon ausgegangen werden, daß die - vom Verkauf vorgegebenen - periodenbezogenen Bedarfe nicht unterteilt werden müssen, solange die Kapazitätsgrenzen nicht überschritten werden, sondern in derselben Losgröße eingeplant werden. Die Rasterung der Lose erfolgt in den definierten

---

1) Halbtages- oder Teilzeitkräfte dürfen, um sinnvoll eingesetzt werden zu können, nicht allzuoft den Arbeitsplatz wechseln. Die Springer werden sich also vor allem aus den Ganztageskräften rekrutieren. Insofern ist diese Vorgehensweise sinnvoll.

Perioden. Die maximale Montagelosgröße einer Periode entspricht der Kapazität des Rüstzustands dieser Periode.

6.5.2 Entwicklung eines Auftragsbildungsverfahrens

Ziel der Auftragsbildung ist die Bedarfsdeckung. Da nicht bekannt ist, zu welchem Zeitpunkt innerhalb der Periode die Lieferung fällig wird, bzw. zu welchem Zeitpunkt innerhalb der Periode das Periodenlos fertig ist, ist nach dem worst-case-Prinzip das Periodenlos bereits eine Periode früher einzuplanen:

$$ME_{i,1} = \begin{cases} 0 & ;f\ddot{u}r\ PBST(T_j,E_1) \geq 0 \\[2ex] -\ PBST(T_j,E_1) & ;f\ddot{u}r\ PBST(T_j,E_1) < 0 \end{cases}$$

Nun sind bei der Periodenlosbildung zwei zusätzliche Bedingungen zu berücksichtigen:

I. Es steht nur eine begrenzte Kapazität zur Verfügung, um das Endprodukt zu fertigen:

$$ME_{i,1} \leq RKAP(T_i,RZ_k)\ /\ TE_{1,k} \qquad ;\ f\ddot{u}r\ E_1 \in G_k$$

mit der Restkapazität nach Einplanung des zuletzt berechneten Rasterloses:

$$RKAP(T_i,RZ_k) = KAP(T_i,RZ_k) - \sum_{(T_i,E_1) \in pl^{-1}} TE_{1,k} * ME_{i,1}$$

II. Mehrere Endprodukte konkurrieren um dieselbe Kapazität (benötigen denselben Rüstzustand). D.h. die in einer Periode vorhandene Kapazität (Zeitvolumen) ist auf die konkurrierenden Erzeugnisse aufzuteilen. Da es sich beim Kapazitätsangebot um eine Summe gleichartiger Arbeitsplätze handeln kann, sind zwei Aufteilungsstrategien denkbar: In der ersten versucht man, mehrere Erzeugnisse parallel zu fertigen, in der zweiten geht man von stoßweiser

Fertigung aus. Im Fall paralleler Einplanung könnte man versuchen, längerfristig einzelne Arbeitsplätze ausschließlich für bestimmte Erzeugnisse zu nutzen, um diese optimal auszulasten. Jedoch erhält man durch die dadurch entstehenden, prinzipiell kleineren Periodenlose einen wesentlich höheren Organisationsaufwand für die Auftragszubuchung, die Bereitstellung von Verpackungsmaterial etc.. Daher ist diese Strategie nicht geeignet. Eine stoßweise Fertigung erlaubt dagegen, die Bedarfe eines Rüstzustands als W a r t e - s c h l a n g e des Rüstzustands zu betrachten, die dann in eine bestimmte kostenoptimale Reihenfolge zu bringen ist. Wenn man nun das Kriterium "Bestandkosten" als Auswahlkriterium für die Warteschlange verwendet, sind zwei Fälle zu unterscheiden:

I. Produktion in der Periode i ist gegenüber Bedarf im Vorsprung d.h.

$$\sum_{E_l \in G_k} (\ IBST(E_l) + \sum_{t=0}^{i} BED_{t,l}\ )\ *\ TE_{l,k}\ <\ \sum_{t=0}^{i} KAP(T_t, RZ_k)$$

In diesem Fall werden Bestände produziert. D.h. in diesem Fall ist es günstig, die Endprodukte mit der geringsten Kapitalbindung zuerst zu produzieren. Um in Periode i überhaupt Lose einplanen zu können, müssen also Bedarfe vorgezogen werden. D.h. der Horizont des durch die Montage bis zu diesem Zeitpunkt belieferten Bedarfs ist größer als die aktuelle Planungsperiode. Er reicht so weit, daß die bestehende Kapazität vollständig aufgefüllt ist. Die vorhandene Kapazität wird also vollständig genutzt[1]. Sind im Absatzplan keine Bedarfe mehr eingetragen, endet die Auftragsbildung[2].

---

1) Dieses Vorgehen erscheint in der ersten Betrachtung grundsätzlich nicht geeignet Bestandsoptima zu erzeugen, da Bedarfe u.U. sehr weit vorgezogen werden. Das Wesen des Verfahrens liegt jedoch darin, daß versucht wird, diesen "Kapazitätsüberschuß" auf andere Erzeugnisse umzuplanen, um so eine befriedigende Bestandssituation zu erzeugen.

2) Der Abbruch des Verfahrens bei mangelndem Bedarf und ohne Versuch, die Aufträge bedarfsnäher einzuplanen, ist unter der Voraussetzung sinnvoll, daß das Verfahren zum einen in der Praxis periodisch eingesetzt wird und der Verkauf regelmäßig die Planzahlen auffüllt und zum anderen dadurch, daß die Personalkapazität an die Bedarfssituation angepaßt wird.

Die durch die Produktion eines Erzeugnisses verursachte Kapitalbindung ist der für die Produktionsreihenfolge ausschlaggebende
Faktor. Er errechnet sich aus den Herstellkosten des Erzeugnis,
einem Kapitalbindungsfaktor (Nominalverzinsung), sowie der
Zeitdifferenz zwischen Produktions- und Bedarfstermin:

$$BK(E_1,RZ_k) \;=\; (T_{BED} - T_{PROD}) \; * \; HK(E_1) \; * \; (FK + FL(E_1))$$

In dieser Form ist die Kapitalbindung noch nicht geeignet, als
Auswahlkriterium für die Warteschlange zu dienen. Berücksichtigt
werden muß noch die Einzelzeit, d.h. die durch die vorhandene
Kapazität baubare Anzahl an Endprodukten:

$$BK^{gew}(E_1,RZ_k) = BK(E_1,RZ_k) \; / \; TE_{1,k}$$

Bei Produktionsvorsprung wird als nächstes Periodenlos das eingeplant, welches den geringsten Kapitalbindungswert darstellt.

II. Die Produktion ist gegenüber den Bedarfen im Rückstand. Wenn
die Produktion in einer Periode $T_i > T_0$ im Rückstand ist, gilt:

$$\sum_{E_1 \in G_k} (\; IBST(E_1) + \sum_{t=0}^{i} BED_{t,1} \;) \; * \; TE_{1,k} \;\geq\; \sum_{t=0}^{i} KAP(T_t,RZ_k)$$

Tritt dieser Fall auf, muß sich gegenüber Fall I die Einplanungs-
strategie ändern. Die Einplanungsreihenfolge muß nun die Aufträge
bevorzugen, die die höchsten Opportunitätskosten nach sich ziehen.
Die Opportunitätskosten ermitteln sich aus dem Deckungsbeitrag des
Erzeugnisses, einem Opportunitätskostenfaktor sowie dem Rückstand:

$$OK(ME_{i,1}) \;=\; (T_{PROD} - T_{BED}) \; * \; ME_{i,1} \; * \; (VK(E_1) - HK(E_1)) \; * \; FO$$

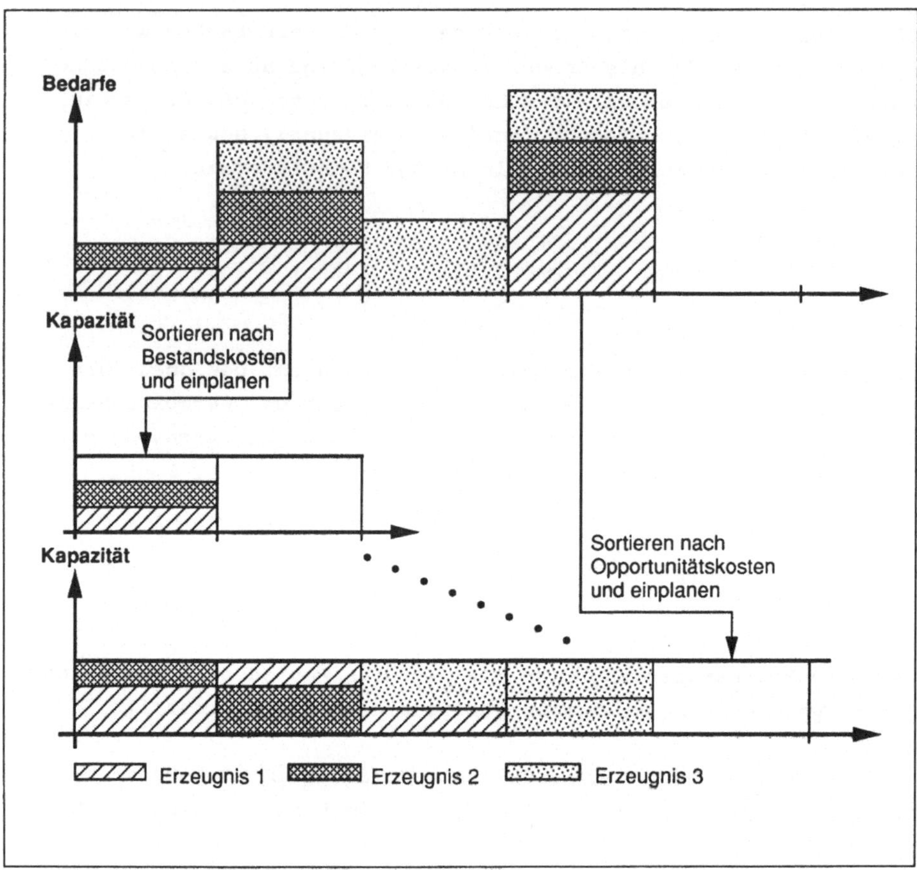

Bild 20   Vorgehensweise bei der Auftragsbildung

Auch hier muß noch eine Normung auf die Einzelzeit $TE_{i,k}$ erfolgen:

$$OK^{gew}(ME_{i,l}) \;=\; OK(ME_{i,l}) \,/\, TE_{l,k}$$

Bei Rückstand wird also aus der Warteschlange der Bedarf zuerst eingeplant, der die höchsten Opportunitätskosten nach sich zieht. Das maximal mögliche Rasterlos errechnet sich bei Konkurrenzbetrachtung aus der Restkapazität der Periode:

$$ME_{i,l} \;\leq\; RKAP(T_i,RZ_k) \,/\, TE_{l,k} \qquad\qquad ; \; für \; E_l \in G_k$$

mit der Restkapazität nach Einplanung des zuletzt berechneten
Rasterloses:

$$RKAP(T_i, RZ_k) \;=\; KAP(T_i, RZ_k) \;-\; \sum_{(T_i, E_l)\,\in\, pl^{-1}} TE_{l,k} * ME_{i,l}$$

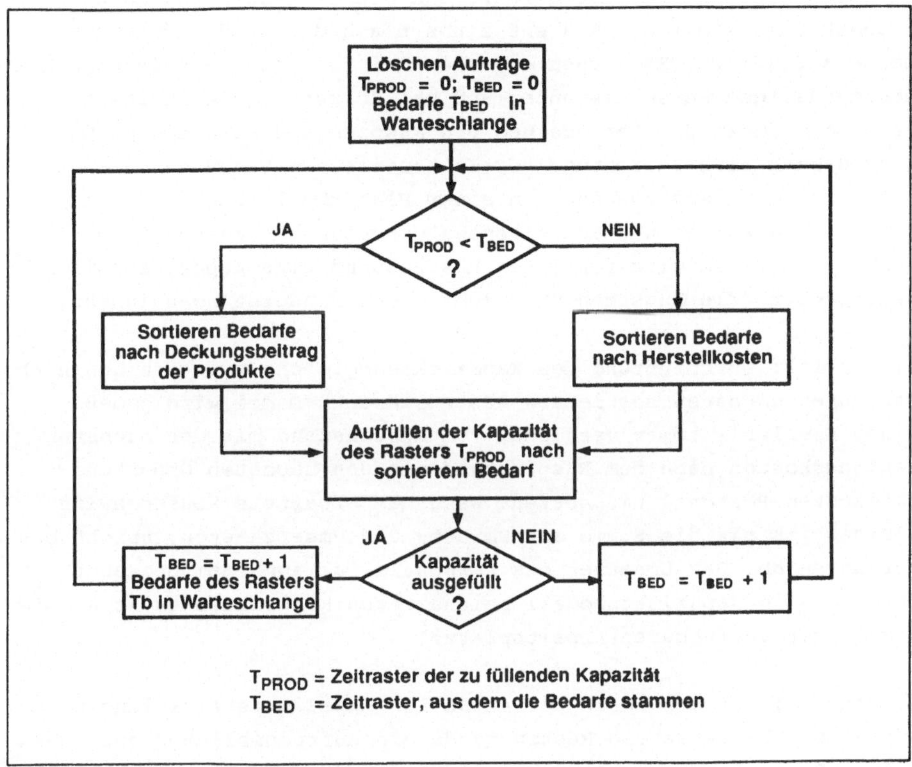

Bild 21   Verfahrensabläufe der Auftragsbildung

6.6 Zusammenfassung

Das gesamte Verfahren kann in 4 Schritte unterteilt werden, die
immer in gleicher Reihenfolge ablaufen. Vor dem eigentlichen
Beginn des Verfahrens wird der Vorschauhorizont eingelesen und die
aktuelle Kapazitätsverteilung für alle Planungsperioden bis zum
Pla nungshorizont übernommen. Danach erfolgt eine erste Auftrags-

bildung nach dem hergeleiteten Verfahren. Damit sind die Voraussetzungen für das Aufsetzen des Optimierungsverfahrens geschaffen. Die einzelnen Schritte des Verfahrens können wie folgt beschrieben werden:

1. Schritt: Auf der Basis der ermittelten Wochenlose wird die Planbestandsrechnung durchgeführt und die Bestands- und Rückstandskosten   p r o   R ü s t z u s t a n d   werden periodenweise aufaddiert. Es werden außerdem bei Fertigung auf Bestand die überschüssigen Personalstunden und bei Rückstand die fehlenden Personalstunden pro Periode und pro Rüstzustand aufaddiert. Es wird danach eine Gewichtung der Kosten mit den Stunden und eine Sortierung der Rüstzustände in einer Plantabelle nach aufsteigenden Bestandskosten und absteigenden Opportunitätskosten vorgenommen. Außerdem wird für jeden Rüstzustand eine Kapazitätsbilanz aufgestellt, die Aussagen über Mehr- oder Minderstunden zuläßt.

2. Schritt: Durchführung des Kapazitätsabgleichs zwischen den nach gewichteten Kosten sortierten Rüstzuständen. Dabei wird gemäß einer Heuristik immer versucht, vom Rüstzustand mit den höchsten Bestandskosten nach dem Rüstzustand mit den höchsten Opportunitätskosten Personal umzusetzen. Wenn der erwartete Kostengewinn kleiner ist als die Summe aus Umrüst- und Umsetzkosten, bricht das Verfahren ab. Das Umsetzen des Personals ist außerdem begrenzt durch die im Kapazitätsmodell beinhalteten Restriktionen (z.B. die Anzahl der verfügbaren Arbeitsplätze).

3. Schritt: Auf der Basis der aktuellen Kapazitätsverteilung wird für alle Subsysteme und Rüstzustände die Auftragsbildung durchgeführt. Ergebnis dieser Auftragsbildung sind vorläufige Fertigungslose pro Periode und Rüstzustand.

4. Schritt: Erhöhung der Aufsetzperiode um eins. Überschreitet diese den maximalen Planungshorizont, so wird das Verfahren beendet ansonsten mit Schritt 1 weitergeführt.

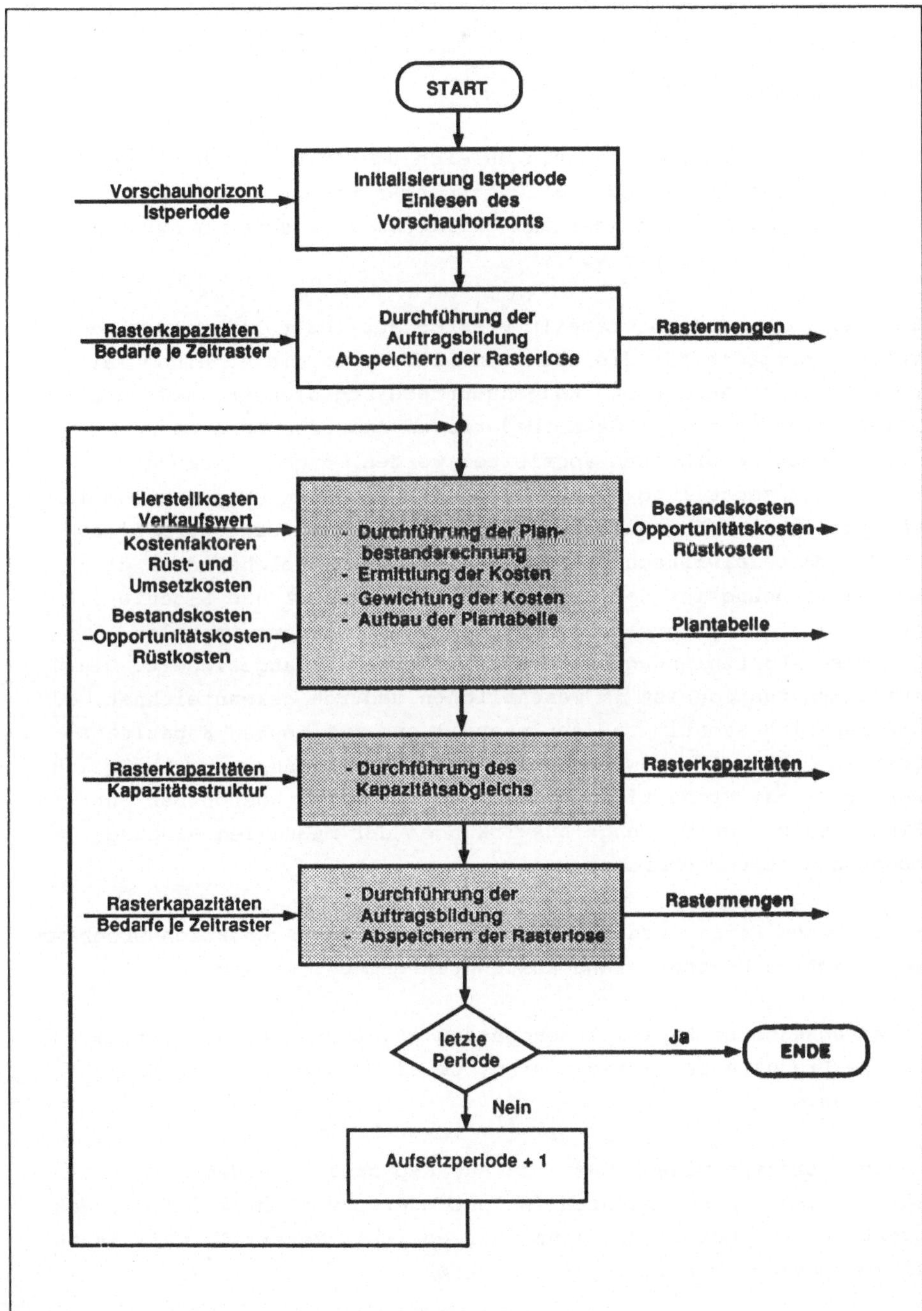

Bild 22 Darstellung des gesamten Verfahrensablaufs

7 Realisierung eines Systems zur Produktionsprogrammplanung

7.1 Ausgangssituation

Bei dem Pilotanwender handelt es sich um ein Unternehmen der Elektrokleingerätefertigung. Das Unternehmen produziert in 2 Werken
Küchengeräte, Haartrockner und ähnliches in Losgrößen zwischen ca.
10 und 1.000 Stück pro Woche.

Der Vertriebsbereich erstellt vierteljährlich rollierend eine
Verkaufsprognose für die nächsten 12 Monate, die zu einem Teil
bereits durch Abrufe und Rahmenverträge abgesichert, jedoch zur
Vervollständigung des Gesamtbedarfs um Bedarfsprognosen, die aus
vergangenen Verbräuchen abgeleitet werden, ergänzt werden. Die
Dispositionsabteilung setzt die monatsbezogenen Prognosen um in
wöchentliche Montageaufträge. Diese Montageaufträge wurden manuell
in das Materialwirtschaftssystem eingegeben, welches dann die
Bestellrechnung für das Rohmaterial, Baugruppen und Eigenferti-
gungsteile durchführt. Die Montageprogrammplanung ist also
zwischen Absatzplanung und Materialwirtschaft angesiedelt. Die
Ausgangssituation ist im wesentlichen dadurch gekennzeichnet, daß
die Kapazitätsabstimmung nur manuell und mit festen Kapazitätsgrenzen durchgeführt werden kann und keine Transparenz bezüglich
der durch das Produktionsprogramm verursachten Kosten besteht. Im
Einzelnen werden folgende Auswirkungen der manuellen Planung
besonders hervorgehoben:

- Es können keine Aussagen über die durch das Produktionsprogramm
verursachten Bestands- und Rüstkosten gemacht werden.

- Bei absehbaren Kapazitätsengpässen existieren keine Hilfen,
welche Produkte zu fertigen sind, um einen optimalen Erlös zu
erhalten.

- Produktionstermine können oft aus Kapazitätsgründen nicht
eingehalten werden, dadurch ist entweder zuviel Material da, das
nicht verarbeitet werden kann oder es fehlt Material, weil es zu
einem späteren Termin bestellt wurde.

- Die Personaleinsatzplanung wird ausschließlich vom operativen
Bereich, d.h. den Meistern, durchgeführt. Die aus dieser operativen Planung resultierenden Kosten sind nicht transparent. Insbesondere fallen die hohen Rüstkosten auf, die durch oftmaliges
Umsetzen der Mitarbeiter entstehen.

- Das Fertigwarenlager verfügt in Teilbereichen über große
Lagerbestände und gleichzeitig können andere Produkte nicht
geliefert werden. Hier ist nicht transparent, ob die Verfügbarkeit
der Fertigware sich kostenmäßig niederschlägt.

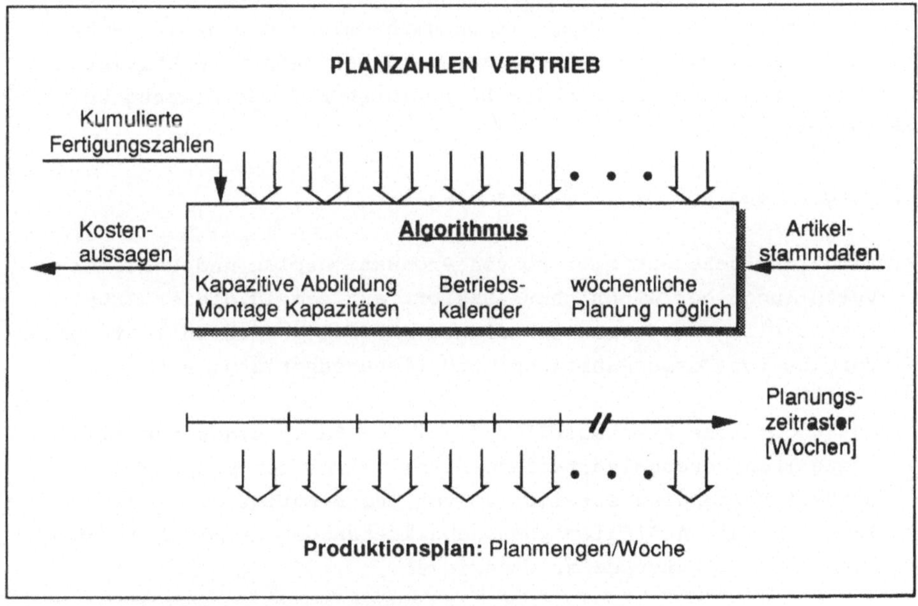

Bild 23   Einbindung des Progammplanungssystems in die
betrieblichen Abläufe

7.2 Realisierung der Planungsfunktionen

Die praktische Anwendung des entwickelten Verfahrens erfordert zum
einen eine hohe Datenverarbeitungskapazität am Arbeitsplatz, zum
anderen sollte eine grafisch-interaktive Bedieneroberfläche
realisiert werden, um die Bedienung des Systems zu vereinfachen.
Aus diesen Gründen wurde beschlossen, das zu entwickelnde

Produktionsprogrammplanungssystem nicht auf der zentralen
Rechenanlage des Unternehmens, sondern auf der Basis eines
Arbeitsplatzrechners zu realisieren.

Zusätzlich zu dem eigentlichen Optimierungsverfahren, dessen
Entwicklung in dieser Arbeit beschrieben wird, wurde das System
mit einer Reihe von manuellen und halbautomatischen Planungs-
funktionen ausgestattet. Das Verfahren selbst wurde in Form eines
Simulationsverfahren implementiert, mit dem durch Variation des
Parameters "Vorschauhorizont" verschiedene Ergebnisse produziert
werden können. Die Simulationsergebnisse können bei Bedarf mit
Hilfe der manuellen Planungsfunktionen weiter bearbeitet werden.
Das System kann bis zu vier Planungsstände und die damit verbun-
denen Kostensituationen abspeichern und bei Bedarf reaktivieren.
Folgende Funktionen stehen dem Disponenten bei der Planung zur
Verfügung:

1. Vorgabe des Personalangebots

2. Algorithmische Optimierung von Produktionsplan und Personalverteilung. Der Algorithmus basiert auf den in dieser Arbeit
   entwickelten Verfahrensgrundlagen. Dieses Verfahren läuft unter
   Vorgabe von Vorschauhorizont und Planungshorizont ab.

3. Kostenoptimale Auftragsbildung auf der Basis eines manuell
   erstellten Personalverteilungsplans. Nimmt der Disponent
   manuell Personalumverteilungen vor, so benötigt er diese
   Funktion zum "Auffüllen" des Kapazitätsangebots mit Aufträgen,
   ohne manuell Aufträge zu generieren.

4. Manuelle Änderung der Wochenlose. Dies ist die tiefste
   Eingriffsebene des Disponenten. Mit dieser Funktion können
   einzelne Wochenlose erzeugt und verändert werden.

7.2.1 Vorgabe des Gesamtpersonalangebots

Grundlage der Personalverteilungsrechnung ist das wöchentliche
Personalangebot über den Planungshorizont. Berücksichtigt werden
können Jahresurlaub, Ferienaushilfen und unterschiedliche

Arbeitszeitmodelle, die zu einem über den Planungshorizont pro
Woche wechselnden Kapazitätsangebot führen. Die Vorgabe eines
zeitlich veränderbaren Kapazitätsangebots ist für den praktischen
Einsatz unabdingbar. Der Disponent hat hierzu eine grafische
Bedieneroberfläche, die ihm erlaubt, die Auswirkungen eines
veränderten Personalangebots auf die Bedarfe abzuschätzen.

7.2.2 Simulationsverfahren zur Optimierung von Produktionsplan und Personalverteilung

Bei Aufruf des Planungsalgorithmusses wird der Disponent aufge-
fordert, den Vorschauhorizont einzugeben. Wählt er einen niedrigen
Vorschauhorizont (zw. 1 und 4 Wochen), so wird die Planung sehr
schroff auf Bedarfsänderungen reagieren, da ein hinter dem Vorschauhorizont liegender Bedarf nicht erkannt wird und daher auch
Personal, das auf Bestand produziert, nicht versetzt werden kann.
Im Verhältnis erhält man daher höhere Rüstkosten gegenüber den
Bestands-/Rückstandskosten als bei einem größeren Vorschauhori-
zont. Eine Einschränkung ist jedoch zu machen: Sind die Personal-
umsetzkosten sehr hoch bezgl. den Bestandskosten, so kann u.U. der
Fall eintreten, daß über dem kurzen Vorschauhorizont nicht genügend Bestand kumuliert werden kann, um die Personalumsetzung
lohnenswert zu machen. Das heißt, das Verfahren setzt in diesem
Fall kein Personal um. Durch Vorgabe unterschiedlicher Parameter
(Vorschauhorizont und Kapazitätsangebot) können unterschiedliche
Planungsergebnisse erzeugt werden. Die einzelnen Ergebnisse sind
jedoch durch die summarischen Bestands-, Opportunitäts- und Rüstkosten jederzeit miteinander vergleichbar. Der Disponent hat nun
die Möglichkeit, bis zu 4 verschiedene Simulationsergebnisse zwi-
schenzuspeichern und auch wieder zu reaktivieren. Die Ergebnisse
können auf jeder der Eingriffsebenen weiter bearbeitet werden.
Damit ist der Disponent in der Lage, das Verfahren s i m u l a -
t i v anzuwenden, um mit unterschiedlichen Startparametern verschiedene Planungsergebnisse zu erhalten und das kostengünstigste
auszuwählen.

7.2.3 Auftragsbildungsverfahren mit manuellem Kapazitätsabgleich

Oftmals sind in der Montage bei der Personalverteilung Randbedingungen zu berücksichtigen, die gewisse Restriktionen bezüglich der
Personalzuordnung zu Rüstzuständen enthalten. Der Disponent benötigt daher eine Funktion, mit der er eine manuelle Personalumver-
teilung vornehmen kann (Bild 24). Umsetzen von Personal, Umrüsten
von Arbeitsplätzen wird damit möglich. Die Kosten einer jeden Pla-
nungsmaßnahme kann in Form einer kapazitätsbezogenen Kostenent-
wicklungsliste jederzeit nachvollzogen werden.

PERSONAL - UND RÜSTPLANUNG

Werk: Kirchheim   Subs.: 11

	SS 1	1.1	1.2	1.3	1.4	1.5	1.6	1.7
11 APL	11	4	4	2	1			
ZDM	6 0 0	2 0 0	1 0 0	2 0 0	1 0 0			
KAP	240 160	80 80	40 40	80 0	40 40			
12 APL	11	4	4	2	1			
ZDM	7 0 0	4 0 0	0 0 0	2 0 0	1 0 0			
KAP	200 200	160 160	0 0	80 0	40 40			
13 APL	11	4	4	2	1			
ZDM	9 0 0	4 0 0	2 0 0	2 0 0	1 0 0			
KAP	360 280	160 160	80 80	80 0	40 40			
14 APL	11	4	4	2	1			
ZDM	9 0 0	4 0 0	2 0 0	2 0 0	1 0 0			
KAP	360 280	160 160	80 80	80 0	40 40			
15 APL	11	4	4	2	1			
ZDM	9 0 0	4 0 0	2 0 0	2 0 0	1 0 0			
KAP	360 280	160 160	80 80	80 0	40 40			

F1: Ende   F2: N.Satz   F3: Apl. um   F4: Per. um   F5: A+P um   F6: Drucken

Bild 24   Bildschirmmaske zur Personalverteilungsplanung

Ändert der Disponent die Personalverteilung, so entsteht auf der
einen Seite ein Kapazitätsüberangebot, auf der anderen Seite ein
Kapazitätsdefizit. Um dieses Ungleichgewicht auszugleichen, ist
die Funktion der Auftragsbildung pro Rüstzustand separat anzu-
stoßen. Da das Auftragsbildungsverfahren implizit einen bestands-
kostenoptimalen Produktionsplan für den Rüstzustand erstellt, wird
es damit der Forderung nach Kostenoptimalität gerecht.

7.2.4 Manuelle Wochenlosbildung

Vor allem im kurzfristigen Bereich muß der Disponent in der Lage
sein auch einzelne Wochenlose zu verändern, zu löschen oder neu
anzulegen. Um zielgerichtet arbeiten zu können, werden ihm
folgende Informationen am Bildschirm angezeigt (Bild 25):

o Alle Wochenlose des Rüstzustands

o Die Bedarfssituation des zu ändernden Artikels für die
  nächsten Wochen

o die Kapazitätsbelastung des Rüstzustands

WOCHENLOSPLANUNG

Werk : Erkenbrech Subsystem : 3 KW : 11

KW	Artikel	WL	te	BED(h)	RZS	ST
11	251 950 000	227	21100	80	3.3	0
11	251 250 000	697	6883	80	3 2	0
11	250 250 000	444	6759	50	3.1	0
11	252 130 000	1998	7209	240	3 0	0

Artikel: 251 250 000

KW	SOLL	I ST	WL
11	0	992	697
12	2800	2038	1046
13	2800	3084	1046
14	2800	4130	1046
15	3900	5176	1046
16	3900	5873	697

RZS	APL	KAP	BED (h)
3 1	1	50	50
3.2	2	80	80
3 3	1	80	80
3 4	1	40	40
3.5	4	240	240
3.6	3	0	0
3.7	0	0	0

F1: Ende   F2: next Satz   F3: next Woche   F 4 :WL-Planung   F6: Drucken

Bild 25   Bildschirmmaske zur Auftragslosplanung

7.3 Erprobung des Verfahrens und Diskussion der Ergebnisse

In diesem Abschnitt wird untersucht, wie g u t das Verfahren
die gestellten Anforderungen bezüglich der Kostenoptimalität
erfüllt, um so die Praxisrelevanz des Verfahrens zu belegen. Dazu
ist zu untersuchen, wie sich die K o s t e n des Produktionsprogramms unter veränderten Randbedingungen verhalten. Da sich die
Qualität eines heuristischen Verfahrens nur in der Praxis bestäti-
gen kann und muß, werden als Grundlage für die Abschätzung der

Qualität des Verfahrens Datenbestände des Pilotanwenders verwendet[1]. Durch diese Datenbasis sind alle kapazitiven Restriktionen
gegeben sowie alle erzeugnisbezogenen Kosten und Kostenfaktoren,
wie Herstellkosten, Verkaufspreise und Lagerhaltungsfaktoren, die
zur Ermittlung der mit einem Produktionsprogramm verbundenen
Kosten notwendig sind. Außerdem wurde ein Kapitalkostenfaktor
vorgegeben. Um die relativen Kostenverbesserungen durch Anwendung
des Optimierungsverfahrens zu ermitteln, ist zunächst eine Basis
zu finden, gegenüber der Verbesserungen ausgewiesen werden können.

Da das Verfahren ein Kostenoptimum durch Anpassung der Kapazität
an die Bedarfsvorgaben ermittelt, wurden als Vergleich die entstehenden Kosten bei manueller Planung, d.h die Kosten des zum
Zeitpunkt des Tests noch existierenden manuell ermittelten Produktionsprogramms herangezogen.
Die Anwendung zeigt, daß das Verfahren innerhalb eines realistischen Parameterbereichs für Kostensätze, Kapitalbindungsfaktoren,
Vorschauhorizont etc.   g u t e   Planungsergebnisse ergibt und so
die praktische Einsatzfähigkeit als nachgewiesen betrachtet werden
kann. Die erzielten Kostenvorteile gegenüber der manuellen Planung
wurden im vorliegenden Beispiel fast ausschließlich durch die Reduzierung der Opportunitätskosten erreicht. Die Minimierung der
Opportunitätskosten ist jedoch gleichzusetzen mit einer Maximierung der Deckungsbeiträge. Da in die Beträge nur der   Z i n s -
g e w i n n   der Opportunitätskosten eingeht, ist die tatsächlich
zu erzielende Erhöhung des Deckungsbeitrags gegenüber der Aus-
gangslage ein mehrfaches. Das entspricht im Beispiel einer Ergeb-
nisverbesserung von ca. 2 % des Jahresumsatzes durch Einsatz des
Verfahrens. Aufgrund des zeitlichen Zusammentreffens der Simula-
tionsuntersuchung mit der Wiedervereinigung Deutschlands wurden
durch die hohen Verkaufserwartungen in den "neuen Bundesländern"
die Bedarfszahlen des Absatzprogramms extrem in die Höhe ge-
schraubt, so daß sich an nahezu der Hälfte der Montagesysteme
starke Engpaßsituationen eingestellt haben. Vor diesem Hintergrund
ist die Tatsache zu bewerten, daß die Opportunitätskosten ein

---

1) Aufgrund der spezifischen Probleme der Verifikation
heuristischer Verfahren (vgl. hierzu /91/) kann kein allgemein
gültiger Beweis der "Güte" des Verfahrens erfolgen. Daher wurde
hier auf die Daten des Unternehmens zurückgegriffen, welches das
Verfahren im Pilotbetrieb anwendet.

mehrfaches der Bestandskosten ausmachen, so daß fast ausschließlich Planungsentscheidungen auf der Basis der Deckungsbeiträge
getroffen werden.

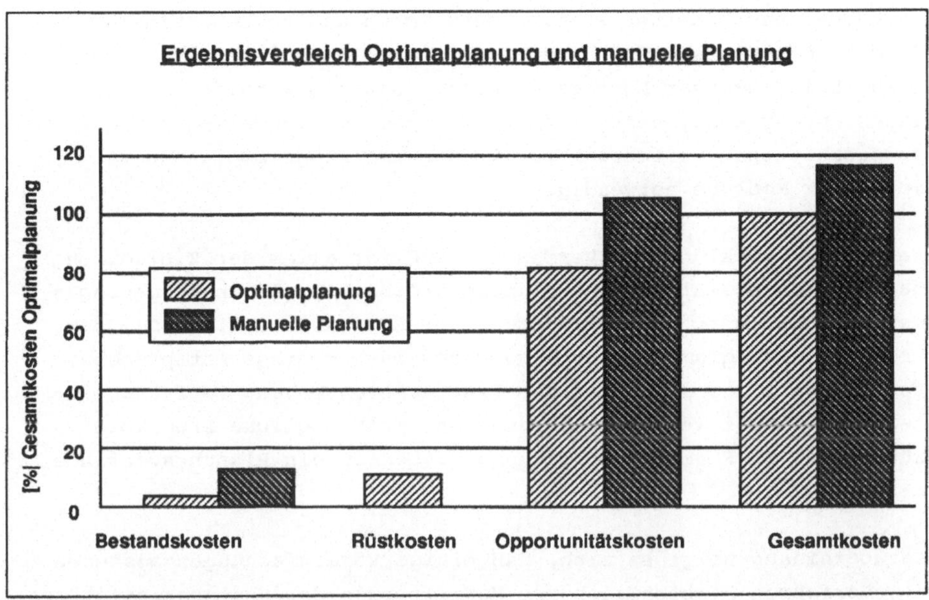

Bild 26 Beispiel für die Kostenreduzierung gegenüber manueller
        Planung

Das entwickelte Verfahren wurde am Beispiel eines Unternehmens der
Elektrokleingerätefertigung untersucht und so der Nachweis der
Funktionalität erbracht. Das Verfahren bleibt jedoch nicht auf
diesen Produktionszweig beschränkt, sondern ein wirtschaftlicher
Einsatz kann bei allen Unternehmen erwartet werden, bei denen

     - die Montage losweise erfolgt,
     - Absatzplanzahlen vorliegen und
     - über die erforderliche Personaleinsatzflexibilität

verfügen.

8. Zusammenfassung und Ausblick

Der Einsatz bestehender Verfahren der Auftragsbildung und des
Kapazitätsabgleichs in der Produktionsprogrammplanung führen
hinsichtlich der Zielsetzung eines auf die vorhandenen Kapazitäten
(Personal und Arbeitsplätze) abgestimmten und kostenoptimalen
Produktionsprogramms zu unbefriedigenden Ergebnissen, wenn man
diese bei losweiser Montage einsetzt. Deshalb wird der Entwurf
eines n e u e n , auf die Anforderungen der losweisen Montage
zugeschnittenen Verfahrens zur Produktionsprogrammplanung bei
losweiser Montage notwendig.

Bei der Entwicklung des Verfahrens muß vor allem der Zielsetzung
nach Kostenoptimalität des Planungsergebnisses Rechnung getragen
werden. Dazu wird die Zielsetzung der Kostenoptimalität bei der
Produktionsprogrammplanung einer losweisen Montage entsprechend
formalisiert und in Form einer Zielfunktion in das Verfahren integriert. Dabei werden zum ersten Mal auch mögliche Produktionsrückstände in Form von opportunen Kosten in ein Planungsverfahren
mit einbezogen.

Darüberhinaus zeigt es sich, daß einige Vereinfachungen bestehender Verfahren hinsichtlich der Modellierung der Montagekapazitäten
beseitigt werden müssen, um den Anforderungen des Produktionspro-
zesses zu genügen. So enthält das dem vorgestellten Verfahren zugrundeliegende Modellsystem der Montagekapazität als wesentliche
Neuerung die Kombination der Produktionsfaktoren Personal und
Montagesysteme. Das Verfahren führt die Auftragsbildung simultan
zur Kapazitätsplanung durch, wobei jedoch nicht, wie bei
konventionellen Verfahren von einer fixen Kapazität pro Periode
ausgegangen wird, sondern das Kapazitätsangebot den Bedarfen
nachgeführt wird.

Der praktische Betrieb zeigt, daß die Zielstellung der Arbeit
erfüllt wird. Das Modell der Produktionsprogramm- und Kapazitätsplanung bei losweiser Montage ist jedoch in seiner Komplexität
beschränkt, da keine Zugangsbeschränkungen von Baugruppen und
Material betrachtet werden und es sich um ein einstufiges
Kapazitätsmodell handelt. Daher leiten sich aus dieser Arbeit die
folgenden wesentlichen Anstöße für weitere Forschungsarbeiten ab:

Das in dieser Arbeit vorgestellte Verfahren löst ein einstufiges Planungsproblem ohne Zugangsrestriktionen. Als direkten Anstoß für weitere Forschungsarbeiten ergibt sich daher die Erweiterung der Lösungsheuristik für mehrstufige Produktion unter Berücksichtigung von Zugangsbeschränkungen.

Bei der Herleitung des Verfahrens wird außerdem deutlich, daß die Nutzung von Planungsverfahren im wesentlichen von der zugrundegelegten Zielsetzung (Zielfunktion) und der im Planungssystem formulierten Restriktionen der Planung (d.h. dem Kapazitätsmodell) abhängt. Zielfunktion und Kapazitätsmodell bei losweiser Montage unterliegen jedoch wesentlich anderen Bedingungen als z.B. bei Einzelteilfertigung. Es existiert daher kein Verfahren, das für alle möglichen Einsatzgebiete stets ein optimales Ergebnis liefern würde. Daraus leitet sich unmittelbar ein weiterer Anstoß für zukünftige Forschungsarbeiten ab, nämlich Planungsverfahren für die verschiedenen Unternehmensbereiche zu entwickeln, die den unterschiedlichen Zielsetzungen und Restriktionen Rechnung tragen.

Es stellt sich in diesem Zusammenhang auch als wünschenwert heraus, einen Systemrahmen zu schaffen, in den je nach Ausprägung eines Unternehmensbereichs unterschiedliche Zielstellungen, Restriktionsmodelle und Planungsverfahren eingebunden werden können, um die datentechnische Integration aller durch ein PPS-System zu planenden und zu steuernden Unternehmensbereiche zu gewährleisten. Um in dieser Richtung voranzukommen, ist es sicher notwendig, zunächst einmal die vorhandenen Modellansätze zu sammeln, zu systematisieren und diese in eine Modellsammlung einzubinden.

9 Schrifttum

/1/ Warnecke, H.-J.:
Grundlegende Gesetzmäßigkeiten in der Produktion.
In: FTK' 88: Fertigungstechnisches Kolloquium
Berlin: Springer 1988, S. 23 - 31

/2/ Bullinger, H.-J.; Rosenberger, N.; Ruckaberle, R.:
Paradigmenwechsel im Produktionsmanagement:
Unternehmen müssen jetzt die Weichen stellen.
In: Produktionsforum ´91: Produktionsmanagement;
Vorgehensweisen und Praxisbeispiele zum
Chancenmanagement in den 90er jahren.
10. IAO-Arbeitstagung, 19.-20. Februar 1991
H.-J. Bullinger (Hrsg.).
(IPA-IAO Forschung und Praxis: T 20)
Berlin u.a.: Springer, 1991, S. 14-55.

/3/ Kübel, R.:
Ressource Mensch.
Erfolg durch Individualität.
München: C.H. Beck'sche Verlagsbuchhandlung 1990

/4/ Gutenberg, E.:
Betriebswirtschaftslehre I.
23. Auflage
Berlin, Heidelberg, New-York: Springer 1979

/5/ Wöhe, G.:
Einführung in die Allgemeine Betriebswirtschaftslehre.
17. Auflage
München: Verlag Franz Vahlen 1990

/6/ Lohmann, M.:
Einführung in die Betriebswirtschaftslehre.
Tübingen: 1964

/7/ Schrick, G.:
Produktionsplanungs- und Steuerungssysteme (PPS-Systeme) aus
arbeitswissenschaftlicher Sicht.
Entwicklungen, Erfahrungen, Gestaltungsanforderungen.
Arbeitswissenschaftliche Reihe Band 2.
Kassel: Verlag GhK - Forschungsgruppe Arbeitswissenschaft,
1990

/8/ o.V.:
Integrierter EDV-Einsatz in der Produktion,
CIM Computer Integrated Manufacturing - Begriffe,
Definitionen, Funktionszuordnungen.
Ausschuß für wirtschaftliche Fertigung e.V. (AWF) (Hrsg.).
Eschborn: 1986

/9/ Warnecke, H.-J.:
Fabrikbetriebslehre für Ingenieure.
Berlin, Heidelberg, New-York: Springer 1980

/10/ Ellinger, T.; Wildemann, H.:
Planung und Steuerung der Produktion aus betriebs-
wirtschaftlich-technologischer Sicht.
Wiesbaden: Gabler 1978

/11/ o.V.:
Statistisches Jahrbuch 1990 für die Bundesrepublik
Deutschland.
Stuttgart: Metzler-Poeschel 1990

/12/ Nyhuis, P.:
Durchlauforientierte Losgrößenbestimmung.
io Management Zeitschrift 57 (1988) Nr. 4

/13/ Renner, A.:
Kostenorientierte Steuerung in flexibel automatisierten
Produktionssystemen.
Controlling Forschungsbericht Nr. 23
Stuttgart: 1990

/14/ Roth, E.:
Wirtschaftliche Losgröße in der Praxis:
Anleitung zur Ermittlung der Basisdaten.
Essen: Girardet 1976

/15/ Treutlein, K.:
Rüstkosten kontra Halbfabrikatebestand und Durchlaufzeit.
FIR + IAW-Mitteilungen 19 (1987) 3

/16/ Hackstein, R.:
Produktionsplanung und -steuerung (PPS).
Düsseldorf: VDI 1984

/17/ Geitner, U.W.:
Betriebsinformatik für Produktionsbetriebe.
Teil 3 Methoden der Produktionsplanung und -steuerung.
München: Carl Hanser Verlag 1987

/18/ REFA (Hrsg.):
Methodenlehre der Planung und Steuerung.
Teil 2
München: Hanser 1985

/19/ Förster, H.-U.; Miessen, E.; Loeffelholz, F. Frhr. v.;
Roos, E.:
Marktspiegel PPS-Systeme auf dem Prüfstand.
Köln: Verlag TÜV Rheinland GmbH, 1987

/20/ Müller-Merbach, H.:
Die Bestimmung optimaler Losgrößen bei Mehrprodukt-
fertigung.
Darmstadt: Technische Hochschule Darmstadt 1962

/21/ o.V.:
Der grosse Brockhaus in zwölf Bänden.
18. Auflage
Wiesbaden: F.A. Brockhaus, 1979

/22/ Zimmermann, A.:
Evolutionsstrategische Modelle bei einstufiger, losweiser
Produktion.
Frankfurt am Main: Verlag Peter Lang 1985

/23/ Taylor, S.:
Production and Inventory Management in the Process
Industries: A State of the Art Survey.
Production and Inventory Management 20 (1979), S. 1 - 16

/24/ Feierabend, R,; Reß, A.:
LOGISTIK:
JIT in der logistischen Kette vom Absatzmarkt bis zu den
Lieferanten, dargestellt am Beispiel eines führenden
europäischen Herstellers für elektrische Hausgeräte.
in: Wildemann, H.:
Die modulare Fabrik.
Fachtagung 22.-23. November 1988
München: gfmt, 1988

/25/ Kurz, J.:
Leitstandsystem zur Minimierung der Kosten in der Endmontage.
ZwF 84 (1989) 3 S. 5 - 6

/26/ Kühnle, H.:
Produktionsmengen- und -terminplanung bei mehrstufiger
Linienfertigung.
Berlin, Heidelberg, New-York: Springer 1987

/27/ Zäpfel, G.:
Produktionswirtschaft.
Berlin, New-York: de Gruyter 1982

/28/ Fremerey, F,:
Erhöhung der Variantenflexibilität in Mehrmodell-
Montagesystemen durch ein Verfahren der Leistungsabstimmung
Berlin, Heidelberg, New-York: Springer 1993

/29/ Sauer, H.:
Mengen- und ablauforientierte Kapazitätsplanung von
Montagesystemen.
Berlin, Heidelber, New York: Springer 1987

/30/ Schweizer, W.:
Entwicklung eines interaktiven Simulators auf der Basis
von Petri-Netzen zur Modellierung und Bewertung hybrider
Montagestrukturen
Berlin, Heidelberg, New-York: Springer 1992

/31/ Schad, G.:
Entwicklung und Einsatz eines interaktiven Verfahrens zur
Leistungsabstimmung von Montagesystemen
Berlin, Heidelberg, New-York: Springer 1986

/32/ Vähning, H.:
Flexibilität von personalintensiven Montagesystemen
bei Serienfertigung.
Berlin, Heidelberg, New-York: Springer 1985

/33/ Metzger, H.:
Planung und Bewertung von Arbeitssystemen in der Montage.
Mainz: Krausskopf 1977
zugl. Universität Stuttgart, Fak. Fertigungstechnik,
Diss. Dr.-Ing., 1977

/34/ Hummel, S.; Männel, W.:
Kostenrechnung 2.
Moderne Verfahren und Systeme.
Wiesbaden: Gabler 1983

/35/ Haag, W.:
Produktionsmengen- und -terminplanung.
Köln: TÜV Rheinland 1982

/36/ Bullinger, H.-J., Buck, H.; Ganz, W.; Pack, J.:
Die Arbeitsinhalte ändern sich. Die Qualitätsanforde-
rungen an die Mitarbeiter in der Montage.
In: Planung und Produktion, Trendbuch 1992.
Landsberg, 1992, S. 122-129.

/37/ Braun, R.:
Die Aufgaben der Personaleinsatzplanung und das zu ihrer
Bewältigung erforderliche Instrumentarium.
Dissertation der Hochschule St. Gallen
Zürich: Juris Druck + Verlag, 1978

/38/ o.V.:
Gablers Wirtschaftslexikon, Band L-P, S. 560 ff.
Wiesbaden: Gabler 1988

/39/ Huch, B.:
Produktionskosten.
In Kern, W. (Hrsg.): Handwörterbuch der Produktionswirt-
schaft.
Stuttgart: Poeschel 1979

/40/ Schweitzer, M.; Hettich, O.; Küppe, H.-U.:
Systeme der Kostenrechnung.
3. Auflage, München 1982

/41/ Kilger, W.:
Flexible Plankostenrechnung und Deckungsbeitragsrechnung.
9. Auflage
Wiesbaden: Gabler 1988

/42/ Fuchs, R.-M.; Bühring, J.:
Flexible Steuerung der Montage mit gleichzeitiger
Verfügbarkeitsprüfung.
wt Werkstattstechnik 79(1989) S. 293 - 295

/43/ Kurz, J.:
Kapazitäten und Kosten berücksichtigen.
Technika 25/90 S. 12 - 15

/44/ Wilhelm, B.:
Beitrag zur optimalen Steuerung von Montagelinien mit
Modell-Mix in der Automobilindustrie.
Dissertation TU Braunschweig, 1979

/45/ Kälberer, G.:
Optimale Montagekapazität bei Fließmontage.
ZwF 72 (1977) 11

/46/ Felbecker, O.:
Ein Beitrag zur Reihenfolgeplanung bei Mehrprodukt-
Linienfertigung
Dissertation TH Aachen 1980

/47/ Köhler, A.:
Beitrag zur Verbesserung der Fertigungskostentransparenz
bei Großserienfertigung mit Produktvielfalt.
Berlin, Heidelberg, New-York: Springer 1989

/48/ Kistner, K.-P.; Switalski, M.:
Dynamische Losgrößenmodelle.
WiSt Heft 7 (Juli 1988), S. 335 - 341

/49/ Ghosh, S.; Gagnon, R.J.:
A comprehensive literature review and analysis of the design,
balancing and scheduling of assembly systems.
Int. Journal of Production research 1989, vol. 27, No. 4
S. 1117-1170

/50/ Görke, M.; Lentes, H.-P.:
Modellfolgebestimmung bei gemischter Produktfertigung.
WT, Zeitschrift für industrielle Fertigung 71 (1981)
Nr. 3, S. 153 - 160

/51/ Aldinger, L.:
Leitstandsunterstützte kurzfristige Fertigungssteuerung
bei Einzel- und Kleinserienfertigung.
Berlin, Heidelberg, New-York: Springer 1985

/52/ Kern, N.:
    Netzplantechnik.
    Betriebswirtschaftliche Analyse von Verfahren der
    industriellen Terminplanung.
    Wiesbaden: Gabler 1969

/53/ Schwarze, J.:
    Netzplantechnik.
    Herne, Berlin: Verlag Neue Wirtschafts-Briefe 1986

/54/ Graves, S.C.:
    A review of production scheduling.
    Operations Research 29 (1981) 4, S. 1126 - 675

/55/ Vähning, H.; Weller, B.:
    Planung eines personalorientierten Montagesystemes.
    wt.-Z. ind. Fert. 74 (1984) 1, S. 43 - 46

/56/ Eversheim, W.; Witte, K.-W.; Peffekofen, K.:
    Montage richtig planen: Methoden und Hilfsmittel zur
    rationellen Gestaltung der Montage in Unternehmen mit Einzel-
    und Serienfertigung.
    Düsseldorf: VDI-Verlag, 1981

/57/ Ammer, E.-D.:
    Rechnerunterstützte Planung von Montageablaufstrukturen
    für Erzeugnisse der Serienfertigung.
    Berlin, Heidelberg, New-York: Springer 1984

/58/ Burbridge, J. L.:
    Group Technology in the Ingineering Industry.
    London: Mechanical Engineering Publications Ltd 1979

/59/ Shtub, A.:
    Lot sizing in MRP/GT systems
    Production Planning and Control, Vol.1 (1990) No. 1,
    S. 40 - 44

/60/ Dittmayer, S.:
Arbeits- und Kapazitätsteilung in der Montage.
Berlin, Heidelberg, New-York: Springer 1981
zugl. Stuttgart, Universität, Fak. Fertigungstechnik
Dissertation Dr.-Ing., 1981

/61/ Warnecke, H.-J.; Dangelmaier, W.; Kühnle, H.:
Disposition von Stückgutprozessen - Versuch einer
Systematisierung.
Teil 2: Auftragsbildung und Stand der Technik
wt Werkstattstechnik 79 (1989) H.3, S. 173 - 176

/62/ Greiner, T.:
Ein Algorithmus zur kapazitätsorientierten Bildung von
Losen.
Berlin, Heidelberg, New-York: Springer 1988

/63/ Hartmann, H.:
Materialwirtschaft.
Gernsbach: Deutsche Betriebswirte 1983

/64/ Wilhelm, K.-G.:
System zur Planung des Umlaufbestandes in Betrieben mit
Serienfertigung.
Berlin, Heidelberg, New-York: Springer 1980

/65/ Busch, U.:
Entwicklung eines PPS-Systems.
Berlin: Erich Schmidt Verlag, 1987

/66/ Eversheim, W.; Peffekofen, K.:
Montage steuert Produktion
VDI-Z. 126 (1984) H. 1/2, S. 9; H. 4, S. 95

/67/ Hachtel, G.:
Entwicklung eines bestandsorientierten Fertigungssteuerungssystems für die Großserienfertigung am Beispiel des Automobilbaus.
Berlin, Heidelberg, New-York: Springer 1988

/68/ Warnecke, H.-J.; Dangelmaier, W.; Greiner, T.:
Kapazitätsorientierte Mengenplanung - Baustein eines
zukunftsbezogenen PPS-Systems.
wt - Zeitschrift für industrielle Fertigung 76 (1986)

/69/ Dangelmaier, W.; Greiner, T.:
Mit geringem Vermögen mehr verdienen.
VDI-Nachrichten 8 (1986), S. 20

/70/ Orlicky, J.:
Material Requirement Planning
New-York: McGraw-Hill 1975

/71/ Dangelmaier, W.:
Die Auswirkungen des Fertigungstyps auf die Bereit-
stellung und die Disposition.
Beschaffung aktuell (1984) 9, S. 42 - 45

/72/ Wemmerlöw, U.:
A comparison of discrete, single stage lot-sizing heuristics
with special emphasis on rules based on the marginal
principle.
Engineering Costs and Production Economics Vol 7 (1982),
S. 45 - 53

/73/ Glaser, H.:
Verfahren zur Bestimmung wirtschaftlicher Bestellmengen bei
schwankendem Materialbedarf.
AI Angewandte Informatik 17 (1975), S. 534 - 542

/74/ Andler, K.:
Rationalisierung der Fabrikation und optimale Losgröße.
München, Berlin 1929

/75/ Wilson, R.H.:
A Scientific Routine for Stock Control.
Harvard Business Review XIII (1934), S. 116 - 128

/76/ Eisenhut, P.S.:
A dynamic lot-sizing algorithm with capacity constraints.
AIIE-Transactions 14 (1975), S. 170 - 176

/77/ DeMatteis, J.J.:
An Economic Lot-Sizing Technic, I: The Part-Period-Algorithm
IBM Systems Journal 7 (1968), S. 30 - 38

/78/ Schirmer, A.:
Dynamische Produktionsplanung bei Serienfertigung.
Wiesbaden: Gabler 1980

/79/ Singer, P.:
Mengenplanung/Serie.
Logistik Heute

/80/ Wagner, H.M.; Whitin, T.M.:
Dynamic Version of the economic lot-size model.
Management Science 5 (1958), S. 89 - 96

/81/ Meal, H.C.; Silver, E.A.:
A Simple Modification of the EOQ for the Case of a Varying
Demand Rate.
Production and Inventory Management 4 (1969)

/82/ Silver, E.A.; Meal, H.C.:
A heuristic for selecting lot size quantities for the case
of a deterministic time varying demand rate and discret
opportunities for replenishment.
Production and Inventory Management 14 (1973), S. 112 - 74

/83/ Groff, G.K.:
A Lot Sizing Rule for Time phased Component Demand.
Production and Inventory Management Vol. 20 (1979)
S. 47 - 53

/84/ Haessler, R.; Hogue, S.:
A note on the single-machine multi-product lot scheduling
problem.
Management Science 22 (1976), S. 909 - 912

/85/ Karni, R.; Roll, Y.:
A Heuristic Algorithm for the Multi-Item Lot-Sizing
Problem with Capacity Constraints.
AIIE-Transactions 14 (1982), S. 249 - 256

/86/ Lamprecht, M.: Vander Ecken, J.:
A Capacity Constrained Single-Facility Dynamic Lot-Size
Model.
European Journal of Operational Research 2 (1978)
S. 132 - 136

/87/ Oßwald, J.:
Produktionsplanung bei losweiser Fertigung.
Wiesbaden: Gabler 1979

/88/ Atkin, D. R.; Iyogun, P. O.:
A Heuristic with lower Bound Performance Guarantee for the
Multi-Product Dynamic Lot-Size Problem.
IIE Transactions 20 (1988) Nr. 4

/89/ Trigeiro, W. W.; Thomas, L. J.; McClain, J. O.:
Capacitated Lot Sizing with Setup Times.
Management Science 35 (1989) Nr. 3

/90/ Billington, P.J.; McClain, J.O.; Thomas, L.J.:
Mathematical programming approaches to capacity-constraints.
AIIE Transactions 7 (1975), S. 170 - 176

/91/ Müller-Merbach, H.:
Operations Research.
Berlin und Frankfurt: Verlag Franz Vahlen GmbH 1970

/92/ Koller, H.:
Simulation.
In Kern, W. (Hrsg).): Handwörterbuch der Produktionswirt-
schaft.
Stuttgart: Poeschel 1979

/93/ Bronstein, I.; Semendjajew, K.:
    Taschenbuch der Mathematik.
    Frankfurt/Main: Verlag Harry Deutsch, 1979

/94/ Krabs, W.:
    Einführung in die lineare und nichtlineare Optimierung für
    Ingenieure.
    Leipzig: B. G. Teubner Verlagsgesellschaft 1983

/95/ Müller-Merbach, H.:
    Optimale Reihenfolgen.
    Berlin, Heidelberg, New-York: Springer 1970

IPA Forschung und Praxis
Schriftenreihe aus dem Institut für Produktionstechnik und Automatisierung, Stuttgart

Herausgeber: Prof. Dr.-Ing. H. J. Warnecke

Stufenweise Ableitung eines praktischen Planungssystems für den Entwicklungsbereich
Von R Hichert ISBN 3-7830-0149-8
1978, 151 Seiten, kartoniert — 52.— DM

Produktionsplanung mit Auftragsfamilien
Von U W Geitner ISBN 3-7830-0161 7
1979, 110 Seiten, kartoniert — 45 — DM

Thermisch-chemisches Entgraten
Von T Wagner ISBN 3-7830-0164-1
1979, 111 Seiten, kartoniert — 45 — DM

Untersuchung der Materialflußkosten bei ausgewählten Systemen der Zentralen Arbeitsverteilung
Von R Wenzel ISBN 3-7830-0162-5
1979, 168 Seiten, kartoniert — 86 — DM

Anpassung und Einführung eines Planungssystems für die Ablaufplanung im Konstruktionsbereich
Von W Dangelmaier ISBN 3-7830-0163-3
1979, 168 Seiten, kartoniert — 80 — DM

Längenmessungen an bewegten Teilen mit berührungslos wirkenden Aufnehmern
Von H Lang ISBN 3-7830-0157-9
1979, 89 Seiten, kartoniert — 42 — DM

Untersuchung multistabiler Strömungselemente und ihr Einsatz in sequentiellen Steuerungen
Von A Ernst ISBN 3-7830-0157-9
1979, 122 Seiten, kartoniert — 48 — DM

Taktile Sensoren für programmierbare Handhabungsgeräte
Von M Schweizer ISBN 3-7830-0158-7
1979, 91 Seiten, kartoniert — 42 — DM

Die rechnerunterstützte Prüfplanung
Von P Blasing ISBN 3-7830-0152-8
1979, 100 Seiten, kartoniert — 44.— DM

Verfahren zur Fabrikplanung im Mensch-Rechner-Dialog am Bildschirm
Von W Ernst ISBN 3-7830-0156-0
1979, 218 Seiten kartoniert — 72.— DM

Rechnerunterstütztes Verfahren zur Leistungsabstimmung von Mehrmodell-Montagesystemen
Von M Gorke ISBN 3-7830-0155-2
1979, 139 Seiten, kartoniert — 50 — DM

Standortbezogene Betriebsmittel
Von G Pflieger ISBN 3-7830-0167-6
1979, 127 Seiten kartoniert — 52 — DM

Die betriebswirtschaftliche Beurteilung neuer Arbeitsformen
Von B -H Zippe ISBN 3-7830-0168-4
1979, 350 Seiten, kartoniert — 98 — DM

Untersuchung des Arbeitsverhaltens programmierbarer Handhabungsgeräte
Von B Brodbeck ISBN 3-7830-0169-2
1979, 117 Seiten, kartoniert — 48 — DM

Untersuchung eines kohärent-optischen Verfahrens zur Rauheitsmessung
Von N Rau ISBN 3-7830-0174-9
1979, 117 Seiten, kartoniert — 48.— DM

Entwicklung einer programmierbaren, pneumatischen Steuerung
Von D Klemenz ISBN 3-7830-0171-4
1979, 93 Seiten, kartoniert — 42 — DM

IPA Forschung und Praxis

Berichte aus dem Fraunhofer-Institut für Produktionstechnik und
Automatisierung, Stuttgart, und dem Institut für Industrielle Fertigung
und Fabrikbetrieb der Universität Stuttgart

Herausgeber: Prof. Dr.-Ing. H. J. Warnecke

---

38 **Arbeitsgangterminierung mit variabel strukturierten Arbeitsplänen — Ein Beitrag zur Fertigungssteuerung flexibler Fertigungssysteme**
Von U Maier ISBN 3-540-10213-2
1980, 111 Seiten mit 45 Abbildungen .   43.— DM

39 **Kapazitätsabgleich bei flexiblen Fertigungssystemen**
Von P S Nieß ISBN 3-540-10372-4
1980, 151 Seiten mit 57 Abbildungen   48.— DM

40 **Schichtdickenverteilung auf galvanisierten Paßteilen am Beispiel kleiner abgesetzter Wellen und Bohrungen**
Von D Wolfhard ISBN 3-540-10373-2
1980, 177 Seiten mit 83 Abbildungen   48.— DM

41 **Planung von Mehrstellenarbeit unter Berücksichtigung von Umfeldaufgaben**
Von S Haußermann ISBN 3-540-10374-0
1980, 136 Seiten mit 59 Abbildungen   48.— DM

42 **Untersuchungen zur Schmierfilmdicke in Druckluftzylindern — Beurteilung der Abstreifwirkung und des Reibungsverhaltens von Pneumatikdichtungen mit Hilfe eines neu entwickelten Schmierfilmdicken- meßverfahrens**
Von R Kohnlechner ISBN 3-540-10375-9
1980, 100 Seiten mit 38 Abbildungen und 4 Tabellen   43.— DM

43 **Typologie zum überbetrieblichen Vergleich von Fertigungssteuerungsverfahren im Maschinenbau**
Von G Rabus ISBN 3-540-10376-7
1980, 174 Seiten mit 88 Abbildungen und 21 Tafeln   48.— DM

44 **System zur Planung des Umlaufbestandes in Betrieben mit Serienfertigung**
Von K -G Wilhelm ISBN 3-540-10377-5
1980, 142 Seiten mit 67 Abbildungen und 15 Tafeln   48.— DM

45 **Rechnerunterstützte Arbeitsplanerstellung mit Kleinrechnern, dargestellt am Beispiel der Blechbearbeitung**
Von W Hoheisel ISBN 3-540-10505-0
1981, 169 Seiten mit 74 Abbildungen   48.— DM

46 **Beitrag zur Verbesserung der Wirtschaftlichkeit EDV-unterstützter Fertigungssteuerungssysteme durch Schwachstellenanalyse**
Von J Lienert ISBN 3-540-10506-9
1981, 148 Seiten mit 37 Abbildungen   48.— DM

47 **Die Abscheidung von Öl an Entlüftungsöffnungen drucklufttechnischer Anlagen**
Von W-D Kiessling ISBN 3-540-10604-9
1981, 117 Seiten mit 48 Abbildungen und 3 Tabellen   43.— DM

48 **Dynamische Optimierung technisch-ökonomischer Systeme**
Von J Warschat ISBN 3-540-10717-7
1981, 132 Seiten mit 60 Abbildungen   43.— DM

49 **Bildsensor zur Mustererkennung und Positionsmessung bei programmierbaren Handhabungsgeräten**
Von H Geißelmann ISBN 3-540-10735-5
1981, 125 Seiten mit 52 Abbildungen   43.— DM

50 **Verfügbarkeitsberechnung für komplexe Fertigungseinrichtungen**
Von Ekkehard Gericke ISBN 3-540-10779-7
1981, 132 Seiten mit 71 Abbildungen   43.— DM

51 **Materialflußgestaltung in Fertigungssystemen**
Von Willi Roßner ISBN 3-540-10888-2
1981, 149 Seiten mit 76 Abbildungen   48.— DM

52 **Beitrag zur Analyse der Auswirkungen der Mikroelektronik, dargestellt am Beispiel der Büromaschinen-Industrie**
Von Werner Neubauer ISBN 3-540-10991-9
1981, 145 Seiten mit 27 Abbildungen und 47 Tabellen   43.— DM

53 **Modelle von Informationssystemen zur kurzfristigen Fertigungssteuerung und ihre Gestaltung nach betriebsspezifischen Gesichtspunkten**
Von Roland Gentner ISBN 3-540-10992-7
1981, 181 Seiten mit 69 Abbildungen und 7 Tabellen   48.— DM

54 **Entwicklung von Verfahren zur Terminplanung und -steuerung bei flexiblen Montagesystemen**
Von Jurgen H Kolle ISBN 3-540-11227-8
1981, 132 Seiten mit 64 Abbildungen und 1 Faltplan   43.— DM

55 **Arbeits- und Kapazitätsteilung in der Montage**
Von Stefan Dittmayer ISBN 3-540-11228-6
1981, 124 Seiten und 56 Abbildungen   43.— DM

56 **Beitrag zur systematischen Planung der Qualitätsprüfung bei Klein- und Mittelserienfertigung**
Von Herbert Babic ISBN 3-540-11325-8
1982, 108 Seiten mit 38 Abbildungen und 7 Tabellen.   53 — DM

57 Methode zur rechnerunterstützten Einsatzplanung von programmierbaren Handhabungsgeräten
Von Uwe Schmidt-Streier ISBN 3-540-11355-X.
1982, 188 Seiten mit 72 Abbildungen   53.– DM

58 Werkstoff- und Energiekennwerte industrieller Lackieranlagen, am Beispiel der Automobilindustrie
Von Rainer Manfred Thiel. ISBN 3-540-11356-8.
1982, 116 Seiten mit 59 Abbildungen.   53.– DM

59 Maßnahmen zum Verbessern der pneumatischen Lackzerstäubung – Teilchengrößenbestimmung im Spritzstrahl –
Von Klaus Werner Thomer. ISBN 3-540-11507-2
1982, 162 Seiten mit 94 Abbildungen und 1 Tabelle   53.– DM

60 Ermittlung und Bewertung von Rationalisierungsmaßnahmen im Produktionsbereich
Von Jürgen Schilde. ISBN 3-540-11730-X
1982, 158 Seiten mit 57 Abbildungen.   53.– DM

61 Untersuchung von Verfahren der Reihenfolgeplanung und ihre Anwendung bei Fertigungszellen
Von Mohamed Osman ISBN 3-540-11747-4.
1982, 124 Seiten mit 32 Abbildungen und 3 Tabellen   53.– DM

62 Ein Simulationsmodell zur Planung gruppentechnologischer Fertigungszellen
Von Volker Saak ISBN 3-540-11747-4.
1982, 134 Seiten mit 53 Abbildungen   53.– DM

63 Verfahren zur technischen Investitionsplanung automatisierter Fertigungsanlagen
Von Günter Vettin ISBN 3-540-11747-4
1982, 134 Seiten mit 63 Abbildungen   53 – DM

64 Pneumatische Sensoren zur prozeßsimultanen Messung des Werkzeugverschleißes und zur
Kollisionsvermeidung beim Messerkopffräsen
Von Wolfgang Jentner ISBN 3-540-11747-4
1982, 126 Seiten mit 47 Abbildungen und 6 Tabellen   53.– DM

65 Rechnerunterstützte Gestaltung ortsgebundener Montagearbeitsplätze, dargestellt am Beispiel
kleinvolumiger Produkte
Von Eberhard Haller ISBN 3-540-12015-7
1982, 130 Seiten mit 43 Abbildungen   53.– DM

66 Fernsehüberwachung von Schutzgasschweißvorgängen mit abschmelzender Elektrode MIG – MAG
Von Ruprecht Niepold. ISBN 3-540-12181-7
1983, 178 Seiten mit 73 Abbildungen und 5 Tabellen   58.– DM

67 Entwicklung flexibler Ordnungssysteme für die Automatisierung der Werkstückhandhabung
in der Klein- und Mittelserienfertigung
Von Karl Weiss ISBN 3-540-12455-1
1983, 116 Seiten mit 68 Abbildungen   58 – DM

68 Automatisierte Überwachungsverfahren für Fertigungseinrichtungen mit
speicherprogrammierten Steuerungen
Von Werner Eißler ISBN 3-540-12456-X
1983, 128 Seiten mit 66 Abbildungen   58 – DM

69 Prozeßüberwachung beim Galvanoformen
Von Jürgen Wilhelm Böcker ISBN 3-540-12457-8
1983, 118 Seiten mit 32 Abbildungen   58.– DM

70 LAPEX – Ein rechnerunterstütztes Verfahren zur Betriebsmittelzuordnung
Von Stephan Mayer. ISBN 3-540-12490-X
1983, 162 Seiten mit 34 Abbildungen und 2 Tabellen   58.– DM

71 Gestaltung eines integrierten Produktionssystems für die Sortenfertigung unter Einsatz der Clusteranalyse
Von Gerald Weber ISBN 3-540-12650-3.
1983, 194 Seiten mit 54 Abbildungen.   58.– DM

72 Gußputzen mit sensorgeführten, programmierbaren Handhabungsgeräten
Von Eberhard Abele ISBN 3-540-12651-1
1983, 133 Seiten mit 66 Abbildungen   58,– DM

73 Untersuchungen zur Herstellung und zum Einsatz galvanogeformter Erodierelektroden
Von Harald Muller ISBN 3-540-12822-0
1983, 148 Seiten mit 78 Abbildungen   58,– DM

74 Ein Beitrag zur Optimierung der Prozeßführungsstrategien automatisierter Förder- und Materialflußsysteme
Von Hans Steffens ISBN 3-540-12968-5
1983 161 Seiten mit 60 Abbildungen   58,– DM

75 Entwicklung eines Verfahrens zur wertmäßigen Bestimmung der Produktivität und Wirtschaftlichkeit
von Personalentwicklungsmaßnahmen in Arbeitsstrukturen
Von Christian Muller ISBN 3-540-13041-1
1983 129 Seiten mit 34 Abbildungen.   58,– DM

76 Berechnung der Gestaltänderung von Profilen infolge Strahlverschleiß
Von Wolfgang Marx ISBN 3-540-13054-3
1983 121 Seiten mit 58 Abbildungen.   58,– DM

77 Algorithmen zur flexiblen Gestaltung der kurzfristigen Fertigungssteuerung
Von Rudolf E Scheiber ISBN 3-540-13500-6
1984, 150 Seiten mit 73 Abbildungen und 1 Tabelle   63 – DM

78 Galvanisieren mit moduliertem Strom
Von Jurgen Wolfgang Mann ISBN 3-540-13733-5
1984, 145 Seiten und 58 Abbildungen   63,– DM

79 Fluoreszenzmeßverfahren zur Schmierfilmdickenmessung in Wälzlagern
Von Wolfgang Schmutz ISBN 3-540-13777-7
1984, 141 Seiten und 66 Abbildungen   63,– DM

IPA-IAO Forschung und Praxis

Berichte aus dem Fraunhofer-Institut für Produktionstechnik und
Automatisierung (IPA), Stuttgart, Fraunhofer-Institut für Arbeitswirtschaft
und Organisation (IAO), Stuttgart, und Institut für Industrielle Fertigung
und Fabrikbetrieb der Universität Stuttgart

Herausgeber: Prof. Dr.-Ing. H. J. Warnecke und Prof. Dr.-Ing. H.-J. Bullinger

80 Flexibilität und Kapazität von Werkstückspeichersystemen
Von Bernhard Graf ISBN 3-540-13970-2
1984, 115 Seiten mit 71 Abbildungen — 63,— DM

T1 Flexible Fertigungssysteme
17 IPA-Arbeitstagung zusammen mit der 3 Internationalen Konferenz
„Flexible Manufacturing Systems (FMS-3)", ISBN 3-540-13807-2
1984, 249 Seiten mit zahlreichen Abbildungen — 118,— DM

T2 Integrierte Bürosysteme
3 IAO-Arbeitstagung ISBN 3-540-13978-8
1984, 633 Seiten mit zahlreichen Abbildungen — 168,— DM

81 Rechnerunterstutzte Planung von Montageablaufstrukturen für Erzeugnisse der Serienfertigung
Von Ernst-Dieter Ammer ISBN 3-540-15056-0
1985, 120 Seiten mit 1 Faltblatt und 33 Abbildungen — 63,— DM

82 Flexibilität von personalintensiven Montagesystemen bei Serienfertigung
Von Heinrich Vähning ISBN 3-540-15093-5
1985, 152 Seiten mit 49 Abbildungen — 63 — DM

83 Ordnen von Werkstücken mit programmierbaren Handhabungsgeräten und Werkstückerkennungssensoren
Von Ingo Schmidt ISBN 3-540 15375-6
1985, 111 Seiten mit 66 Abbildungen — 63,— DM

84 Systematische Investitionsplanung
Von Jorge Moser ISBN 3-540-15370-5
1985, 190 Seiten mit 69 Abbildungen — 63 — DM

T3 Montage Handhabung Industrieroboter
Internationaler MHI-Kongreß im Rahmen der Hannover-Messe '85 ISBN 3-540-15500-7
1985, 267 Seiten mit zahlreichen Abbildungen — 128,— DM

85 Flexible Montagesysteme – Konzeption und Feinplanung durch Kombination von Elementen
Von Peter Konold / Bernd Weller ISBN 3-540-15606-2
1985, 162 Seiten mit 71 Abbildungen und 9 Tabellen — 63,— DM

T4 Menschen Arbeit Neue Technologien
4 IAO-Arbeitstagung zusammen mit der 2 Internationalen Konferenz
„Human Factors in Manufacturing" ISBN 3-540-15763-8
1985, 442 Seiten mit zahlreichen Abbildungen — 168,— DM

86 Leitstandunterstützte kurzfristige Fertigungssteuerung bei Einzel- und Kleinserienfertigung
Von Lothar Aldinger ISBN 3-540-15903-7
1985, 151 Seiten mit 49 Abbildungen und 2 Tabellen — 63,— DM

87 Bestimmen des Bürstenverhaltens anhand einer Einzelborste
Von Klaus Przyklenk ISBN 3-540-15956-8
1985, 117 Seiten mit 74 Abbildungen — 63,— DM

88 Montage großvolumiger Produkte mit Industrierobotern
Von Jörg Walther ISBN 3-540-16027-2
1985, 125 Seiten mit 58 Abbildungen — 63,— DM

89 Algorithmen und Verfahren zur Erstellung innerbetrieblicher Anordnungspläne
Von Wilhelm Dangelmaier ISBN 3-540-16144-9
1986, 268 Seiten mit 79 Abbildungen — 68,— DM

90 Bewertung der Instandhaltung von Fertigungssystemen in der technischen Investitionsplanung
Von Hagen U Uetz ISBN 3-540-16166-X
1986, 129 Seiten mit 38 Abbildungen — 68,— DM

91 Entgraten durch Hochdruckwasserstrahlen
Von Manfred Schlatter ISBN 3-540-16172-4
1986, 167 Seiten mit 89 Abbildungen und 18 Tabellen — 68,— DM

92 Werkstückorientierte Verfahrensauswahl zum Gußputzen mit Industrierobotern
Von Wolfgang Sturz ISBN 3-540-16224-0
1986, 156 Seiten mit 59 Abbildungen — 68,— DM

93 Verfahren zur Verringerung von Modell-Mix-Verlusten in Fließmontagen
Von Reinhard Koether ISBN 3-540-16499-5
1986, 175 Seiten mit 46 Abbildungen und 1 Tabelle — 68,— DM

94 Entwicklung und Einsatz eines interaktiven Verfahrens zur Leistungsabstimmung von Montagesystemen
Von Gunter Schad ISBN 3-540-16978-4
1986, 120 Seiten mit 31 Abbildungen und 1 Tabelle — 68,— DM

95 **Qualifizierung an Industrierobotern**
Von Wolfgang Bachl. ISBN 3-540-17018-9
1986, 218 Seiten mit 30 Abbildungen — 68,– DM

96 **Rechnersimulation des Beschichtungsprozesses beim Elektrotauchlackieren –
Anwendung zum Berechnen des Umgriffs**
Von Otto Baumgärtner ISBN 3-540-17102-9.
1986, 113 Seiten mit 42 Abbildungen. — 68,– DM

97 **Ergonomische Gestaltung von Rotationsstellteilen für grob- und sensomotorische Tätigkeiten**
Von Werner F Muntzinger. ISBN 3-540-17247-5
1986, 135 Seiten mit 51 Abbildungen und 33 Tabellen — 68,– DM

98 **Die optische Rauheitsmessung in der Qualitätstechnik**
Von R -J. Ahlers. ISBN 3-540-17242-4
1986, 133 Seiten mit 56 Abbildungen und 2 Tabellen. — 68,– DM

99 **Maschinelle Spracherkennung zur Verbesserung der Mensch-Maschine-Schnittstelle**
Von Gerhard Rigoll ISBN 3-540-17350-1
1986, 134 Seiten mit 55 Abbildungen — 68,– DM

100 **Konzeption und Auswahl modularer Magazinpaletten**
Von Thomas Zipse ISBN 3-540-17584-9
1987, 126 Seiten mit 54 Abbildungen. — 68,– DM

101 **Anschlüsse an Kupferrohre – Herstellung und Automatisierungsmöglichkeit**
Von Eberhard Rauschnabel ISBN 3-540-17807-4
1987, 120 Seiten mit 88 Abbildungen — 68,– DM

102 **Mengen- und ablauforientierte Kapazitätsplanung von Montagesystemen**
Von Hans Sauer ISBN 3-540-17815-5
1987, 156 Seiten mit 64 Abbildungen — 68,– DM

103 **Verfahrensinstrumentarium zur Werkstückauswahl und Auslegung von Industrieroboterschweißsystemen**
Von Herbert Gzik ISBN 3-540-17928-3
1987, 138 Seiten mit 56 Abbildungen — 68,– DM

104 **Integration von Förder- und Handhabungseinrichtungen**
Von Joachim Schuler ISBN 3-540-17955-0
1987, 153 Seiten mit 61 Abbildungen — 68,– DM

105 **Produktionsmengen- und -terminplanung bei mehrstufiger Linienfertigung**
Von H Kuhnle ISBN 3-540-18038-9
1987, 124 Seiten mit 25 Abbildungen — 68,– DM

106 **Untersuchung des Plasmaschneidens zum Gußputzen mit Industrierobotern**
Von Jong-Oh Park ISBN 3-540-18037-0
1987, 142 Seiten mit 70 Abbildungen — 68,– DM

107 **Fügen von biegeschlaffen Steckkontakten mit Industrierobotern**
Von Daegab Gweon ISBN 3-540-18134-2
1987, 115 Seiten mit 13 Abbildungen — 68,– DM

108 **Entwicklung eines biomechanischen Modells des Hand-Arm-Systems**
Von Georgios Tsotsis ISBN 3-540-18135-0
1987, 163 Seiten mit 45 Abbildungen — 68,– DM

109 **Ein Beitrag zur Planungssystematik für die automatisierte flexible Blechteilefertigung**
Von Thomas Weber ISBN 3-540-18136-9
1987, 149 Seiten mit 56 Abbildungen — 68,– DM

110 **Entwicklung eines Meßverfahrens zur Bestimmung des Positionier- und Orientierungsverhaltens
von Industrierobotern**
Von Gunter Schiele ISBN 3-540-18137-7
1987, 116 Seiten mit 48 Abbildungen — 68,– DM

111 **Schwingungsbelastung beim Arbeiten mit handgeführten, einachsigen Motormähgeräten**
Von Peter Kern ISBN 3-540-18193-8
1987, 145 Seiten mit 43 Abbildungen und 5 Tabellen. — 68,– DM

112 **Entwicklung eines berührungslosen Tastsystems für den Einsatz an Koordinatenmeßgeräten**
Von Hie-Sik Kim ISBN 3-540-18578-X
1987, 111 Seiten mit 62 Abbildungen und 4 Tabellen — 68,– DM

113 **Qualifizierung an Industrierobotern – Ziele, Inhalte und Methoden**
Von Volker Korndörfer ISBN 3-540-18618-2
1987, 318 Seiten mit 100 Abbildungen. — 68,– DM

114 **Funktional und räumlich variables und modulares Laborgerätesystem**
Von Alfred Mack ISBN 3-540-18786-3
1988, 116 Seiten mit 39 Abbildungen — 73,– DM

115 **Produktrecycling im Maschinenbau**
Von Rolf Steinhilper. ISBN 3-540-18849-5
1988, 167 Seiten mit 50 Abbildungen — 73,– DM

116 **Integration der montagegerechten Produktgestaltung in den Konstruktionsprozeß**
Von Rudolf Bäßler ISBN 3-540-19058-9
1988, 133 Seiten mit 49 Abbildungen — 73,– DM

117 **Ein Algorithmus zur kapazitätsorientierten Bildung von Losen**
Von Tilmann Greiner. ISBN 3-540-19300-6
1988, 135 Seiten mit 37 Abbildungen — 73,– DM

118 **Kabelbaummontage mit Industrierobotern**
Von Gerd Schlaich. ISBN 3-540-19301-4.
1988, 131 Seiten mit 62 Abbildungen. 73,– DM

119 **Beitrag zur Verbesserung der Fertigungskostentransparenz bei Großserienfertigung mit Produktvielfalt**
Von Albrecht Köhler. ISBN 3-540-19393-6.
1988, 148 Seiten mit 72 Abbildungen. 73,– DM

120 **Entwicklungs- und Planungshilfen zum Aufbau von flexiblen Ordnungssystemen**
Von Rainer Schanz. ISBN 3-540-19394-4.
1988, 104 Seiten mit 48 Abbildungen. 73,– DM

121 **Bestücken von Leiterplatten mit Industrierobotern**
Von Ernst Wolf. ISBN 3-540-50013-8.
1988, 132 Seiten mit 63 Abbildungen. 73,– DM

122 **Verschleißvorgänge beim Querschneiden dünner Bahnen**
Von Thomas Hülsmann. ISBN 3-540-50049-9.
1988, 126 Seiten mit 47 Abbildungen und 5 Tabellen. 73,– DM

123 **Geometrieprüfung in der Fertigungsmeßtechnik mit bildverarbeitenden Systemen**
Von Claus P. Keferstein. ISBN 3-540-50050-2.
1988, 128 Seiten mit 53 Abbildungen. 73,– DM

124 **Modulares Simulationsmodell für die Abläufe in verketteten Fertigungszellen mit Industrierobotern**
Von Kum-Hoan Kuk. ISBN 3-540-50069-3.
1988, 130 Seiten mit 57 Abbildungen. 73,– DM

125 **Montage von Schläuchen mit Industrierobotern**
Von Bruno Frankenhauser. ISBN 3-540-50072-3
1988, 139 Seiten mit 63 Abbildungen 73,– DM

126 **Kommissioniersystem mit Roboter und Mehrstückgreifer**
Von Klaus Baumeister. ISBN 3-540-50133-9.
1988, 104 Seiten mit 53 Abbildungen. 73,– DM

127 **Sensorunterstütztes Programmierverfahren für das Entgraten mit Industrierobotern**
Von Dieter Boley. ISBN 3-540-50175-4
1988, 128 Seiten mit 67 Abbildungen 73,– DM

128 **Die Arbeitsraumgestaltung manueller Montagearbeitsplätze mit graphischen und wissensbasierten Methoden**
Von Klaus Lay. ISBN 3-540-50259-9
1988, 129 Seiten mit 50 Abbildungen und 7 Tabellen. 73,– DM

129 **Automatisierung des Biegerichtens**
Von Stefan Thiel. ISBN 3-540-50432-X.
1988, 142 Seiten mit 57 Abbildungen und 5 Tabellen 73,– DM

130 **Rechnergestützte Verfahren zur Auslegung der Mechanik von Industrierobotern**
Von Martin-Christoph Wanner ISBN 3-540-50640-3
1989, 202 Seiten mit 80 Abbildungen. 73,– DM

131 **Entwicklung eines bestandsorientierten Fertigungssteuerungssystems für die Großserienfertigung am Beispiel des Automobilbaus**
Von G Hachtel. ISBN 3-540-50639-X.
1989, 163 Seiten mit 34 Abbildungen und 6 Tabellen 73,– DM

132 **Ergonomische Gestaltung der Benutzerschnittstelle am Antriebssystem des Greifreifenrollstuhls**
Von Ludwig Traut. ISBN 3-540-50877-5.
1989, 210 Seiten mit 127 Abbildungen. 73,– DM

133 **Planung taktzeitoptimierter flexibler Montagestationen**
Von Joachim Schöninger ISBN 3-540-50896-1.
1989, 122 Seiten mit 47 Abbildungen. 73,– DM

134 **Ein Modell für ein integriertes Qualitäts- und Prüfplanungssystem in der Montage**
Von Josef R. Kring. ISBN 3-540-51195-4
1989, 140 Seiten mit 60 Abbildungen 73,– DM

135 **Fertigungsstrukturierung auf der Basis von Teilefamilien**
Von Manfred Auch ISBN 3-540-51290-X.
1989, 138 Seiten mit 34 Abbildungen 73,– DM

136 **Kollisionsbehandlung als Grundbaustein eines modularen Industrieroboter-Off-line-Programmiersystems**
Von Andreas Altenhein ISBN 3-540-51418-X.
1989, 129 Seiten mit 53 Abbildungen 73,– DM

137 **Ein Beitrag zur Planung und Bewertung Neuer Arbeitsstrukturen in NE-Metallgießereien Dargestellt am Beispiel der Fertigungsinsel**
Von Horst Nespeta. ISBN 3-540-51419-8
1989, 157 Seiten mit 58 Abbildungen 73,– DM

138 **Verfahren zur Prüfung der Partikelkontamination in Versorgungssystemen für hochreine Flüssigkeiten**
Von Rolf Herz ISBN 3-540-51457-0
1989, 123 Seiten mit 61 Abbildungen 73,– DM

139 **Messung gekrümmter Flächen mit berührungslosen Verfahren**
Von Leo Schreiber. ISBN 3-540-51493-7
1989, 119 Seiten mit 72 Abbildungen 73,– DM

140 **Automatisiertes Lackieren mit steuerbaren Spritzpistolen**
Von Konrad A. Ortlieb ISBN 3-540-51518-6.
1989, 121 Seiten mit 45 Abbildungen 73,– DM

141 **Grundlagen zur Entwicklung reinraumtauglicher Handhabungssysteme**
Von Jürgen Geißinger ISBN 3-540-51959-9.
1989, 124 Seiten mit 82 Abbildungen   73,– DM

142 **CAD-Video-Somatographie**
Entwicklung und Bewertung einer Methode zur anthropometrischen Arbeitsgestaltung
Von Dieter Lorenz ISBN 3-540-52163-1
1989, 169 Seiten mit 61 Abbildungen   73,– DM

143 **Eine Systemarchitektur für die Gestaltung und das Management verteilter Informationssysteme**
Von Andreas J. Ness ISBN 3-540-52224-7.
1990, 203 Seiten mit 62 Abbildungen   78,– DM

144 **Untersuchungen über den optisch-physiologischen Eindruck der Oberflächenstruktur von Lackfilmen**
Von Horst Schene ISBN 3-540-52226-3
1990, 149 Seiten mit 106 Abbildungen   78,– DM

145 **Planungsmethodik für ein Qualitätskostensystem**
Von Alfred Rauba. ISBN 3-540-52477-0
1990, 166 Seiten mit 73 Abbildungen.   78,– DM

146 **Kleinserienbestückung von Leiterplatten mit bedrahteten Bauelementen durch Industrieroboter**
Von Martin Domm ISBN 3-540-52867-9.
1990, 106 Seiten mit 48 Abbildungen   78,– DM

147 **Sensor- und Steuerungssystem für die leitlinienlose Führung automatischer Flurförderzeuge**
Von Gerhard Drunk ISBN 3-540-53033-9
1990, 135 Seiten mit 52 Abbildungen.   78,– DM

148 **Ein System zur wissensbasierten Diagnose an CNC-Werkzeugmaschinen durch den Maschinenbediener**
Von Klaus-Peter Fähnrich ISBN 3-540-53034-7
1990, 132 Seiten mit 48 Abbildungen und 18 Tabellen.   78,– DM

149 **Werkstückbegleitender Informationsspeicher als Basis für ein informationstechnisches Konzept für Halbleiterfertigungen**
Von Klaus-Dieter Sauter ISBN 3-540-53236-6
1990, 115 Seiten mit 55 Abbildungen   78,– DM

150 **Ein Planungsverfahren zur Erkennung und Bewältigung von Material- und Kapazitätsengpässen bei mehrstufiger Linienfertigung**
Von Ralf-Michael Fuchs ISBN 3-540-53271-4
1990, 176 Seiten mit 65 Abbildungen   78,– DM

151 **Montage von Schrauben mit Industrierobotern**
Von Gernot E Fischer ISBN 3-540-53519-5
1990, 97 Seiten mit 37 Abbildungen   78,– DM

152 **Flächenorientierte Termin- und Kapazitätsplanung bei innerbetrieblicher Baustellenfertigung**
Von Rolf Schlauch ISBN 3-540-53584-5
1990, 130 Seiten mit 53 Abbildungen.   78,– DM

153 **Wissensbasierte Entscheidungsunterstützung bei der Auswahl von Industrierobotern**
Von Gunter Jordan ISBN 3-540-53744-9
1991, 116 Seiten mit 49 Abbildungen   78,– DM

154 **Simulationssystem für Fertigungsprozesse mit Stückgutcharakter**
Ein gegenstandsorientiertes System mit parametrisierter Netzwerkmodellierung
Von Bernd-Dietmar Becker. ISBN 3-540-53847-X
1991 162 Seiten mit 48 Abbildungen und 47 Tabellen.   78,– DM

155 **Algorithmen der Sprachverarbeitung zur Entwicklung eines vollsynthetischen Sprachausgabesystems**
Von Gerhard Rigoll ISBN 3-540-53870-4
1991, 321 Seiten mit 235 Abbildungen   78,– DM

156 **Wissensbasierte CAD-Systemkomponente zum Entwurf montagegerechter Produkte**
Von Ralph Richter ISBN 3-540-54725-8
1991, 137 Seiten mit 56 Abbildungen.   78,– DM

157 **Heftschweißverfahren für das Lagefixieren von Werkstücken beim Schutzgasschweißen mit Industrierobotern**
Von Carsten Martin Claussen ISBN 3-540-54951-X.
1991, 140 Seiten mit 43 Abbildungen   78,– DM

158 **Ein Beitrag zur Meßdatenverarbeitung in der Koordinatenmeßtechnik**
Von Thomas Garbrecht. ISBN 3-540-55030-5.
1991, 135 Seiten mit 94 Abbildungen und 5 Tabellen.   78,– DM

159 **Ein Beitrag zur Planung und Optimierung der Verfahrensteilung in der Fertigung**
Von Hans-Peter Roth. ISBN 3-540-55113-1.
1992, 130 Seiten mit 50 Abbildungen   78,– DM

160 **Flexible Montage von Leitungssätzen mit Industrierobotern**
Von Herbert H Emmerich ISBN 3-540-55227-8.
1992, 135 Seiten mit 70 Abbildungen   88,– DM

161 **Toleranzausgleichssysteme für Industrieroboter am Beispiel des feinwerktechnischen Bolzen-Loch-Problems**
Von Uwe Schweigert ISBN 3-540-55228-6.
1992, 119 Seiten mit 61 Abbildungen.   88,– DM

162 **Entwicklung eines interaktiven Simulators auf der Basis von Petri-Netzen zur Modellierung und Bewertung hybrider Montagestrukturen**
Von W. Schweizer ISBN 3-540-55229-4.
1992, 159 Seiten mit 76 Abbildungen.   88,– DM

163 **Entwicklung eines Verfahrens zur rechnerunterstützten Gestaltung verteilter Informationssysteme**
Von Friedemann Reim ISBN 3-540-55269-3.
1992, 151 Seiten mit 43 Abbildungen. 88,– DM

164 **EDV-gestützte Planungs- und Entscheidungshilfen zur Auslegung von Produktionsstrukturen
mit strukturkostenoptimierten Dezentralen Verantwortungsbereichen**
Von Ulrich Hallwachs ISBN 3-540-55477-7.
1992, 186 Seiten mit 66 Abbildungen. 88,– DM

165 **Strömungstechnische Auslegung reinraumtauglicher Fertigungseinrichtungen**
Von Elmar Degenhart ISBN 3-540-55478-5.
1992, 137 Seiten mit 72 Abbildungen. 88,– DM

166 **Synthese und Simulation dreidimensionaler Hand-Arm-Bewegungen an
manuellen Montagearbeitsplätzen**
Von Raimund Menges ISBN 3-540-55752-0.
1992, 215 Seiten mit 70 Abbildungen. 88,– DM

167 **Bewertung inhomogener fraktaler Strukturen und Skalenanalyse von Texturen**
Von Uwe Müssigmann ISBN 3-540-55796-2.
1992, 99 Seiten mit 43 Abbildungen. 88,– DM

168 **Ein Informationssystem für Instandhaltungsleitstellen**
Von Wilfried Sihn ISBN 3-540-55853-5.
1992, 167 Seiten mit 67 Abbildungen. 88,– DM

169 **Verfahren zum automatischen Palettieren von quaderförmigen Packstücken im beliebigen Sortenmix**
Von Walter Michael Strommer ISBN 3-540-55922-1
1992, 105 Seiten mit 47 Abbildungen. 88,– DM

170 **Planung der Kinematik von Industrierobotersystemen zum Schutzgasschweißen im Schiffbau**
Von Wolfgang Utner ISBN 3-540-55923-X.
1992, 134 Seiten mit 31 Abbildungen und 3 Tabellen. 88,– DM

171 **Montage von Pressverbindungen mit Industrierobotern**
Von Günther Würtz ISBN 3-540-56300-8.
1992, 124 Seiten mit 55 Abbildungen. 88,– DM

172 **Rationalisierungspotential der montagegerechten Produktgestaltung bei der
Montage mit Industrierobotern**
Von Thomas Schmaus ISBN 3-540-56400-4.
1992, 122 Seiten mit 55 Abbildungen 88,– DM

173 **Erhöhung der Variantenflexibilität in Mehrmodell-Montagesystemen durch ein
Verfahren zur Leistungsabstimmung**
Von Felix Fremerey ISBN 3-540-56549-3.
1993, 150 Seiten mit 38 Abbildungen und 6 Tabellen 88,– DM

174 **Automatische Montage von O-Ringen**
Von Johannes F Wößner ISBN 3-540-56657-0.
1993, 94 Seiten mit 43 Abbildungen. 88,– DM

175 **Systeme kombinierter multimodaler Mensch-Rechner-Interaktionen**
Von Karl-Heinz Hanne ISBN 3-540-56687-2
1993, 131 Seiten mit 46 Abbildungen. 88,– DM

176 **Regelbasiertes Verfahren zur Montageablaufplanung in der Serienfertigung**
Von Klaus Thaler ISBN 3-540-56829-8.
1993, 132 Seiten mit 63 Abbildungen. 88,– DM

177 **Rechnergestütztes Bediensystem für einen Telemanipulator zur Sanierung von
gemauerten Abwasserkanälen**
Von Kurt Alexander Schließmann ISBN 3-540-56875-1.
1993, 135 Seiten mit 57 Abbildungen und 7 Tabellen 88,– DM

178 **Konturantastende und optoelektronische Koordinatenmeßgeräte für den industriellen Einsatz**
Von Wolfgang Rauh ISBN 3-540-56876-X
1993, 124 Seiten mit 43 Abbildungen 88,– DM

179 **Konzeption für ein Sensor- und Steuerungssystem zur automatischen Führung eines
Walzenschrämladers entlang der Grenzlinie von Kohle und Nebengestein**
Von Stephan Matthias Forster ISBN 3-540-57159-0.
1993, 147 Seiten mit 63 Abbildungen 88,– DM

180 **Ein dreidimensionales Bildverarbeitungssystem für die Automatisierung visueller Prüfvorgänge**
Von Jianzhong Lu ISBN 3-540-57160-4.
1993, 113 Seiten mit 45 Abbildungen und 2 Tabellen 88,– DM

181 **Erschließung technischer und organisatorischer Potentiale durch die Komplettbearbeitung
auf Drehmaschinen mit Hilfe der Teileanalyse**
Von Helmut Schaal ISBN 3-540-57212-0
1993, 126 Seiten mit 42 Abbildungen und 2 Tabellen. 88,– DM

182 **Prüfverfahren zur Untersuchung der Partikelreinheit technischer Oberflächen**
Von Bernhard Klumpp ISBN 3-540-57302-X
1993, 108 Seiten mit 50 Abbildungen 88,– DM

183 **Automatisierung der Justage von Drehankerrelais**
Von G Krüll ISBN 3-540-57303-8
1993, 113 Seiten mit 59 Abbildungen 88,– DM

184 **Prozeßstrukturen der chemischen Vernickelung**
Von Hans Gut ISBN 3-540-57304-6
1993, 108 Seiten mit 37 Abbildungen und 5 Tabellen 88,– DM

185 **Ein Verfahren zur Konstruktion anwendungoptimierter Ultraschallsensoren
auf der Basis von Schallkanälen**
Von Achim Langen ISBN 3-540-57376-3
1993, 140 Seiten mit 72 Abbildungen   88,– DM

186 **Ein rechnerunterstütztes System für die technische Dokumentation und Übersetzung**
Von Renate Mayer ISBN 3-540-57409-3.
1993, 126 Seiten mit 59 Abbildungen.   88,– DM

187 **Theoretische und experimentelle Untersuchungen an dreidimensionalen
Wirbelströmungen für industrielle Absauganlagen**
Von Wolf-Jürgen Denner ISBN 3-540-57410-7
1993, 141 Seiten mit 78 Abbildungen und 10 Tabellen   88,– DM

188 **Planungsmethodik für den Aufbau von Qualitätssicherungssystemen in kleinen und
mittleren Produktionsunternehmen**
Von Rainer Hummel ISBN 3-540-57727-0
1993, 221 Seiten mit 114 Abbildungen und 6 Tabellen   88,– DM

189 **Plasmamodifikation von Kunststoffoberflächen zur Haftfestigkeitssteigerung von Metallschichten**
Von Dieter Andreas Mann ISBN 3-540-57745-9
1994, 133 Seiten mit 83 Abbildungen und 6 Tabellen   88,– DM

190 **Softwareentwicklung für speicherprogrammierbare Steuerungen im integrierten,
rechnergestützten Konstruktionsprozeß**
Von Kornelius Hengel ISBN 3-540-57765-3
1994, 133 Seiten mit 48 Abbildungen   88,– DM

191 **Vorrichtungssysteme für die flexibel automatisierte Montage**
Von Armin Willy ISBN 3-540-57784-X
1994, 121 Seiten mit 60 Abbildungen   88,– DM

192 **Wissensbasiertes Selbstheilungs- und Diagnosesystem für CNC-Koordinatenmeßgeräte**
Von Wilhelm Steger ISBN 3-540-57829-3
1994, 147 Seiten mit 79 Abbildungen.   88,– DM

193 **Modell für ein rechnerunterstütztes Qualitätssicherungssystem gemäß DIN ISO 9000 ff.**
Von Ulrich Lübbe ISBN 3-540-57831-5
1994, 152 Seiten mit 59 Abbildungen   88,– DM

194 **Vorgehenssystematik zum Prototyping graphisch-interaktiver Audio/Video-Schnittstellen**
Von Claus Görner ISBN 3-540-57886-2
1994, 181 Seiten mit 66 Abbildungen   88,– DM

195 **Bewertung von Rechnerinvestitionen durch den Vergleich von Wertschöpfungsketten**
Von Christian F Mayer ISBN 3-540-57969-9
1994, 144 Seiten mit 45 Abbildungen und 24 Tabellen   88,– DM

196 **Ein Verfahren zur kostenorientierten Produktionsprogramm- und Kapazitätsplanung bei losweiser Montage**
Von J Kurz ISBN 3-540-57971-0
1994, 124 Seiten mit 26 Abbildungen und 3 Tabellen   88,– DM

Die Bände sind im Erscheinungsjahr und in den folgenden drei Kalenderjahren zu beziehen durch den örtlichen Buchhandel oder durch Lange & Springer, Otto-Suhr-Allee 26-28, 10585 Berlin.